成长读书课

Reading

科学实验详解版

昆虫记

〔法〕亨利·法布尔 著

陈筱卿 译

中国致公出版社

图书在版编目（CIP）数据

昆虫记：科学实验详解版 / (法) 亨利·法布尔著；陈筱卿译. -- 北京：中国致公出版社, 2021
（成长读书课）
ISBN 978-7-5145-1641-8

Ⅰ.①昆… Ⅱ.①亨… ②陈… Ⅲ.①昆虫学－青少年读物 Ⅳ.①Q96-49

中国版本图书馆CIP数据核字(2020)第062300号

昆虫记：科学实验详解版 /〔法〕亨利·法布尔 著；陈筱卿 译
KUNCHONG JI: KEXUE SHIYAN XIANG-JIE BAN

出　版	中国致公出版社 （北京市朝阳区八里庄西里100号住邦2000大厦1号楼西区21层）
出　品	湖北知音动漫有限公司 （武汉市东湖路179号）
发　行	中国致公出版社（010-66121708）
作品企划	知音动漫图书·文艺坊
责任编辑	方　莹 李　舟
责任校对	邓新蓉
装帧设计	李艺菲
印　刷	武汉市新华印刷有限责任公司
版　次	2021年7月第1版
印　次	2021年7月第1次印刷
开　本	875mm × 700mm　1/16
印　张	16
字　数	220千字
书　号	ISBN 978-7-5145-1641-8
定　价	32.80元

成长读书课

专家编委会

名师讲读团

张小华 陈盛 陈维贤 曹玉明 韩玉荣
黄羽西 李智 李玲玉 李旭东 刘宏业
罗爱娥 饶永香 王耿 王静 王林
王娟 汪荣辉 万咏英 游昕 姚佩琅
曾李 张天杨

复旦附中、华师一附中、湖南师大附中、北师大附小、华中师大附小、武汉小学……
多所中小学名校，一线特级教师、教研员倾情导读，音频精讲。
百万师生课堂内外共读之书。

这是一本配有线上互动课程的课外书

"整本书阅读"课程设计

请配合本书二维码一起使用

难　　度　★★★★☆（八年级上）

阅读计划　45分钟/天，共10天

阅读指导　这是一部将科学和文学完美结合的经典名著，请你在阅读时，既关注其中的科学知识、思维理念和探索精神，又学习作者幽默的语言、精彩的描写。你可能会遇到一些专业性较强的术语，较为陌生的字词，可以查阅资料去加强理解。如果你看到了非常感兴趣的内容，无论是知识点还是优美的文字，都可以摘抄下来，进行赏析和批注，提升阅读和思考的层次。

名师精讲　《生命这样表达》

写作&思考　精读法布尔描写"螳螂捕食"的精彩片段，学习他的观察角度和写作手法，并选择一至两个你感兴趣的对象进行观察和描写。法布尔是如何将昆虫这渺小而又伟大的生命生动地展现在我们眼前的？请你试着分析，并说说你对生命的感悟。

昆虫王国的童话与历险

大自然永远是人类最好的老师，无论是花草树木还是虫鱼鸟兽，人们都可以从它们身上获得灵感。相信每一个同学的童年都有一个蝉鸣声声的夏天，在那个无忧无虑的暑假里，我们斗过蟋蟀，扑过蝴蝶，就连蚂蚁搬家都可以看一个下午。这些看似微不足道的小小昆虫，也有着属于自己的独一无二的生活。蜘蛛如何结网？蜜蜂如何采蜜？螳螂如何捕食？这些我们没有来得及仔细思考的问题，早在百年前就已经有人将它们记录了下来，将昆虫王国的童话和历险故事留给了我们。

“昆虫界的荷马”和他的“王国”

这位百年前的记录者便是本书的作者——法布尔。他是法国昆虫学家、文学家，被誉为“昆虫界的荷马”。他出生于法国南部的一户普通农家，早年的乡间生活赋予了他敏锐的观察力，漫天飞舞的蝴蝶、星星点点的萤火虫和穿梭花间的蜜蜂都是他童年的“玩伴”。法布尔先生一生清贫，他当过工人，也做过老师，但这些职业在他的兴趣面前都不足为道。他虽然因家庭原因没能完成学业，但他勤于自修，精于探索，用十二年的时间自学，先后取得了业士学位、数学学士学位、自然科学学士学位和自然科学博士学位。他热爱动植物，并将这种热爱与好奇贯彻了一生，于是便诞生了“昆虫界史诗”——《昆虫记》！

法布尔有一个“荒石园”，虽然在外人看来这片园子荒凉贫瘠、杂草丛生，但是这里却有着千奇百怪的昆虫，这可是他的“王国”。走进荒石园，法布尔将外界的喧嚣摒弃，在这里，他与昆虫朝夕相处，仿佛是一位英明的国王，观察并爱护着这些小小生灵。

《昆虫记》共十卷，涉及一百多种昆虫。它与一般的科学小品或百科全书截然不同，不仅对昆虫的形态做出了童话式的勾勒，也对它们的习性展开了历险式的描述，融科学理性与文学感性于一体。本书精选了其中二十二篇，既避免了篇幅过长可能引起的选择困难，又将其中颇为经典、有趣的部分呈现出来。

以人性观照虫性，以虫性反观社会人生

周作人先生曾对法布尔做出这样的评价：“他以人性观照虫性，并以虫性反观社会人生。”

“以人性观照虫性”在于法布尔将昆虫当作人一样，描绘出了感情和思想，仿佛童话一般，昆虫也有着它们独特的语言和交流，那些我们人类所不了解的背后也有着丰富多彩的故事。例如松毛虫也会像人类一样为了抵御严寒的时节而未雨绸缪：“这些对冬天的苦日子一无所知的松毛虫竟然如此警惕，似乎对冬天将给它们带来什么样的灾难一清二楚。它们那股忙于加固居室的干劲儿，似乎在说：‘松树摇动它那积满霜的

枝形大烛台时，我们在这儿你挨着我、我靠着你地睡着觉，真是舒服惬意啊！让我们加油干吧！’”松毛虫的内心活动跃然纸上，亲切得仿佛它们就是我们的同类一样。

“以虫性反观社会人生”在于法布尔将人类社会的种种行为和道德意识巧妙地与昆虫世界联系起来。尤其是说到各种动物觊觎蟋蟀幼虫时，法布尔愤然写下：“谁都不了解弥足珍贵的清洁工食粪虫和埋葬虫，可吸血的蚊虫、长毒刺的凶狠好斗的黄蜂以及专干坏事的蚂蚁却无人不知无人不晓。在南方的村子里，蚂蚁毁坏房屋椽子的热情如同它们掏空一棵无花果树一样。我无须赘述，每个人都能从人类的档案馆中找到类似的例证：好人无人知晓，恶人声名远扬。”通过阅读我们还会发现很多生动的例子，比如一些甲虫如何偷窃同伴的粪球以及它们如何保护自己的“财产”，读起来也非常生动。

由此可见《昆虫记》绝不是一本单纯介绍昆虫的科普读物，法布尔也不是一个刻板的学者。在记录昆虫的同时法布尔也在向我们传达着人类社会的道德准则和思想认知，文字中既充满了人性的闪光点，也不乏他对于人性的思索。你会发现这部著作就是他建起的沟通人类与昆虫的桥梁。

对生命的思考与敬畏

《昆虫记》在介绍昆虫习性的同时也提出了对生命的思考，严谨的科学态度之中融入了更多深层的含义。比如对于人类的自大和固执己见，以及工业社会的冷酷与野蛮，他在批判的同时，也借助昆虫表达了自己的观点，并进行了冷静的分析，这些爱恨情仇也跟着每一章的“主人公”跌宕起伏，让人们犹如经历一场昆虫王国的历险，在学习知识的同时获得多重阅读体验。

这是一幅昆虫的画卷，也是一幅关于生命的画卷。法布尔数十年如一日地洞察昆虫的生活习性，别人眼里微不足道的昆虫，却是他的良师益友。未雨绸缪的松毛虫、“艺术家”圣甲虫、凶猛勇敢的螳螂……昆虫王国的每一种虫子都各司其职，有着人类意想不到的天赋和意义。优美的笔触将昆虫王国的画卷铺展开来，每一篇都充满对生命的敬畏，吟诵着对生命赞美的诗歌。

本书篇幅较长，大家可以制定一个自己的阅读计划，老师推荐大家用十天的时间静下心来品读，每天拿出 40 分钟阅读其中 4 篇，一定能在昆虫王国的童话和历险中收获颇丰。法布尔说：“一些人在指责我，说我用词欠妥，不够严谨，说穿了，就是缺少书卷气，没有学究味儿……我相信，你们会异口同声地说：‘是的，他写的东西没有丝毫言之无物的空洞乏味的套话，没有丝毫不懂装懂、不求甚解的胡诌瞎扯，有的只是准确无误地记录下来的观察到的真情实况，既未胡乱添加，也未挂一漏万。’”希望同学们也可以保持对大自然的敬畏与好奇，在未来的人生之路上勇敢地去探索吧！

名家名言

在19世纪末到20世纪初的法国，一位昆虫学家的一本令人耳目一新的图书出版了。全书共十卷，长达两三百万字。该书随即成为一本畅销书，其书名按照法文直译为《昆虫学回忆录》，但一般被简单、通俗地称为《昆虫记》。

该书出版后，好评如潮。当时法国和国际学术界都称赞该书作者为“动物心理学的创始人”。法国著名戏剧家埃德蒙·罗斯丹在称赞该书作者时说“这个大学者像哲学家一般地去思考，像艺术家一般地去观察，像诗人一般地去感受和表达”。罗曼·罗兰也称赞他说，“他观察之热情耐心、细致入微，令我钦佩，他的书堪称艺术杰作。我几年前就读过他的书，非常地喜欢”。英国生物学家达尔文则夸奖说，他是个“无与伦比的观察家”。

该书在中国也受到欢迎，作家周作人说，“见到这位‘科学诗人’的著作，不禁引起旧事，羡慕有这样好的书看的别国少年，也希望中国会有人来做这翻译编纂的事业”。鲁迅先生早在五四运动以前就已经提到过《昆虫记》这本书，想必他当时看的是日文版。总之，这是一本根据对昆虫的生活习性详尽、真实的观察而写成的不可多得的好书。书中所记述的昆虫的习性、生活等各方面的情况真实可信，而且作者描述时文笔精练清晰。因而，该书被称为“昆虫的史诗”，作者也被赞誉为“昆虫的维吉尔”。

该书作者就是让·亨利·法布尔（1823—1915）。他出身寒门，一生勤奋刻苦，锐意进取。他自学成才，用十二年的时间先后获得业士、双学士和博士学位。但他这种奋发上进并未得到法国教育界、科学界的权威们的认可，以致他虽一直梦想能执大学的教鞭而终不能遂愿，只好屈就中学的教职，以微薄的薪金维持一家七口的生活。但法布尔并未气馁，除兢兢业业地教好书外，他利用业余时间对昆虫进行细心的观察研究。他的那股钻劲儿、韧劲儿简直到了废寝忘食的程度。他对昆虫的那份好奇、那份爱，非常人所能理解。他笔下的那些小虫子，一个个活灵活现，栩栩如生，充满着灵性，让人看了之后觉得十分可爱，就连一般人讨厌的食粪虫都让人觉得妙趣横生。

该书堪称鸿篇巨制，既可视为一部昆虫学的科普书，又可称之为描写昆虫的文学巨著，因而法布尔既被人称为大博物学家，又被称为大文学家。因为此书，他于晚年，也就是1910年，曾获得诺贝尔文学奖的提名。该书于1879年到1907年间陆续发表，最后一版发表于1919年到1925年间。后来，便一再地以选本的形式出版发行，取名为《昆虫的习性》《昆虫的生活》《昆虫的漫步》，受读者欢迎的程度可见一斑。

我的这个译本是根据作者的十卷本《昆虫回忆录全集》，经过仔细挑选后翻译的。该选集虽无十卷本全集那么广泛全面，但却萃取了其中的精华。我劝大家不妨拨冗一读这本老少咸宜的书，相信你定会从中感觉出美妙、朴实、有趣的东西来。它既可以让你增加许多昆虫方面的知识，又可以让你享受到作者那种散文诗般美好的语言。与此同时，你也会从字里行间看到作者的那份韧劲儿，那份孜孜不倦，那份求实精神，那份不把事情弄个水落石出、明明白白就绝不罢休的博物学家感人至深的精神。

陈筱卿

2012 年 6 月

目录

法布尔的昆虫实验室

荒石园

那儿是我情有独钟的地方，是一块不算太大的地方，是我的 Roc erat in vofis①。周围有围墙围着，与公路上的熙来攘往、喧闹鼎沸相隔绝，虽说是偏僻荒芜的不毛之地，无人问津，又遭日头的暴晒，但却是刺茎菊科植物和膜翅目昆虫们所喜爱的地方。因无人问津，我便可以在那里不受过往行人的打扰，一心一意地对沙泥蜂和石泥蜂等去进行艰难的探索。这种探索难度极大，只有通过实验才能完成。我无须在那里耗费时间，伤心劳神地跑来跑去，东寻西觅，无须慌忙地赶来赶去，我只是安排好自己的周密计划，细心地设置下陷阱圈套，然后，每天不断地观察记录所获得的效果。是的，“钟情宝地”，那就是我的夙愿，我的梦想，那就是我一直苦苦追求但每每难以实现的一个梦想。

一个每天都在为生计操劳的人，想要在旷野之中为自己准备一个实验室实属不易。我四十年如一日，凭借自己顽强的意志力，与贫困潦倒的生活苦斗着，终于，有一天，我的心愿得到了满足。这是我孜孜不倦、顽强奋斗的结果，其中的艰苦繁难我在此就不赘述了，反正，我的实验室算是有了，尽管它的条件并不十分理想，但是，有了它，我就必须拿出点时间来侍弄它。其实，我如同一个苦役犯，身上锁着沉重的锁链，闲暇时间并不太多。但是，愿望实现了，总是好事，只是稍嫌迟了一些，我可爱的小虫子们！我真害怕，到了采摘梨桃瓜果之时，我的牙却啃不动它们了。是的，确实是来得晚了点儿：当初那广阔的旷野，而今已变成了低矮的穹庐，令人窒息憋闷，而且还在日益地变低变矮，变窄变小。对于往事，除了我已失去的东西以外，我并无丝毫的遗憾，没有任何的愧疚，包括我那消逝而去的光阴，我对一切都已不再抱有希望了。世态炎凉我已遍尝，体味甚深，我已心力交瘁，心灰意冷，我每每禁不住要问问自己，为了活命，吃尽苦头，是否值得？我此时此刻的心情就是这样。

我放眼四周，只见一片废墟，唯有一堵断墙残垣危立其间。这个断墙残垣因为是石灰沙泥浇灌凝固的，所以仍然兀立在废墟的中央。它就是我对科学真理的执着追求与热爱的真实写照。啊，我心灵手巧的膜翅目昆虫们，啊，我的这份热爱能否让我有资格给你们的故事追加一些描述呀？我会不会心有余而力不足啊？我既心存这份担忧，为何又把你们抛弃了这么长时间呢？有一些朋友已经因此责备我了。啊，请你们去告诉他们，告诉那些既是你们的也是我的朋友们，告诉他们我并不是因为懒惰和健忘，才抛弃了你们的；告诉他们我一直在惦记着你们；告诉他们我始终深信节腹泥蜂的秘密洞穴中还有许多尚待我们去探索的有趣的秘密；告诉他们飞蝗泥蜂的猎食活动还会向我们提供许多有趣的故事。然而，我缺少时间，又是单枪匹马，孤立无援，无人理睬，何况，我在高谈阔论、纵横捭阖之前，必须先考虑生计的问题。我请你们就这么如实地告诉他们吧，他们是会原谅我的。

还有一些人在指责我，说我用词欠妥，不够严谨，说穿了，就是缺少书卷气，没有学究味儿。他们担心，一部作品让读者读起来容易，不费脑子，那么，该作品就没能表达出真理来。照他们的说法，只有写得晦涩难懂，让人摸不着头脑，那作品才是思想深刻的了。你们这些身上或长着螯针或披着鞘翅的朋友，你们全都过来吧，来替我辩白，替我做证。请你们站出来说一说，我与你们的关系是多么亲密，我是多么耐心细致地观察你们，多么认真严肃地记录下你们的活动。我相信，你们会异口同声地说：“是的，他写的东西没有丝毫言之无物的空洞乏味的套话，没有丝毫不懂装懂、不求甚解的胡诌瞎扯，有的只是准确无误地记录下来的观察到的真情实况，既未胡乱添加，也未挂一漏万。”今后，但凡有人问到你们，请你们就这么回答他们吧。

另外，我亲爱的昆虫朋友们，如果因为我对你们的描述没能让人生厌，因而说服不了那帮嗓门儿很大的人的话，那我就会挺身而出，郑重地告诉他们说：“你们对昆虫的研究是开膛破肚，而我却是让它们活蹦乱跳地生活着，对它们进行观察研究；你们把它们变成了又可怕又可怜的东西，而我则是让人们更加喜爱它们；你们是在酷刑室和碎尸间里干活，而我却是在蔚蓝色的天空下，边听着蝉儿欢快的鸣唱边仔细地观察着；你们是使用试剂测试蜂房和原生质，而我则是在它们各种本能得以充分表现时探究它们的本能；你们探索的是死，而我探究的则是生。因此，我完全有资格进一步地表明我的思想：野猪把清泉的水给搅浑了，原本是青年人的一种非常好的专业——博物史，因越分越细，相互隔绝，互不关联，竟至成了一种令人心生厌恶、不愿涉猎的东西。诚然，我是在为学者们而写，是在为将来有一天或多或少地为解决‘本能’这一难题做点贡献的哲学家们而写，但是，我也是在，而且尤其是在为青年人而写，我真切地希望他们能热爱这门被你们弄得让人恶心的博物史专业。这就是我为什么在竭力地坚持真实第一，一丝不苟，绝不采用你们的那种科学性文字的缘故。你们的那种科学性文字，说实在的，好像是从休伦人②所使用的土语中借来的。这种情况，并不鲜见。”

然而，此时此刻，我并不想做这些事。我想说的是我长期以来一直魂牵梦萦着的那块计划之中的土地，我一心想着把它变成一座活的昆虫实验室。这块地，我终于在一个荒僻的小村子里寻觅到了。这块地被当地人称为“阿尔玛”，意为“一块除了百里香恣意生长，几乎没有其他植物的荒芜之地”。这块地极其贫瘠，满地乱石，即使辛勤耕耘，也难见成效。春季来临，偶尔带来点雨水，乱石堆中也会长出一点草来，随即引来羊群的光顾。不过，我的阿尔玛，由于乱石之间仍夹杂着一点红土，所以还是长过一些作物的，据说，从前，那儿就长着一些葡萄。的确，为了种上几棵树，我就在地上挖来刨去，偶尔会挖到一些因时间太久而已部分炭化了的实属珍稀的乔本植物的根茎来。于是，我便用唯一可以刨得动这种荒地的农用三齿长柄叉又刨又挖。然而，每每都会感到十分遗憾，据说最早种植的葡萄树没有了，而百里香、薰衣草也没有了。一簇簇的胭脂虫栎也见不着了。这种矮小的胭脂虫栎本可以长成一片矮树林的，它们确实长不高，只要稍微抬高点腿，就可以从它们上面迈过去。这些植物，尤其是百里香和薰衣草，能够为膜翅目昆虫提供它们所需要采集的东西，所以对我十分有用，我不得不把偶尔被我的农用三齿长柄叉刨出来的植物又栽了回去。

在这儿大量存在着而又无须我去亲手侍弄的，是那些开始时随着风吹的土粒而来的，而后又长年积存起来的植物。最主要的是犬齿草，那是十分讨厌的禾本植物，三年炮火连天、硝烟弥漫的战争都没能让它们灭绝，真是“野火烧不尽，春风吹又生”。数量上占第二位的是矢车菊，全都是一副桀骜不驯的样子，浑身长满了刺，或者长满着棘，其中又可分为两年生矢车菊、蒺藜矢车菊、丘陵矢车菊、苦涩矢车菊，而尤以两年生矢车菊数量最多。各种各样的矢车菊相互交织，彼此纠缠，乱糟糟地簇拥在一起。其中可见一种菊科植物，形同枝形大烛台似的支棱着，凶相毕露，被称为西班牙刺柊，其枝杈末梢长着很大的橘红色花朵，似火焰一般，而其刺茎则是硬如铁钉。长得比西班牙刺柊要高的是伊利里亚大翅蓟，它的茎孤零零地“独立寒秋”，笔直硬挺，高达一两米，梢头长着一个硕大的紫红色绒球，它身上所佩带的利器与西班牙刺柊相比毫不逊色。也别忘了，还有刺茎菊科类植物。首先必须提到的是恶蓟，浑身带刺，致使采集者无从下手；其次是披针蓟，阔叶，叶脉顶端是梭镖状硬尖；最后是越长颜色越黑的染

黑蓟，这种植物缩成一个团，状如插满针刺的玫瑰花结。这些蓟类植物之间的空地上，爬着荆棘的新枝丫，结着淡蓝色的果实，枝条长长的，像是长着刺的绳条。如果想要在这杂乱丛生的荆棘中观察膜翅目昆虫采蜜，就得穿上半高筒长靴，否则腿肚子就会被划得满是条条血丝，又痒又疼。当土壤尚留下春雨所能给予的水分，墒情尚可时，角锥般的刺柊和大翅蓟细长的新枝丫便会从由两年生矢车菊的黄色头状花序铺就的整块地毯上生长出来。这时候，在这种荒凉贫瘠的艰苦环境下，这种极具顽强生命力的荆棘必定会展现出它们的某些娇媚来。四下里矗立着一座座狼牙棒似的金字塔，伊利里亚大翅蓟投出它那横七竖八的标枪来。但是，等到干旱的夏日来临时，这儿呈现的是一片枯枝败叶的景象，划根火柴，就会点着整块的土地。这就是我意欲从此永远与我的昆虫们亲密无间地生活的美丽迷人的伊甸园，或者，更确切地说，我一开始拥有这片园子时，它就是这么一座荒石园。我经过了四十年的艰苦努力，顽强奋斗，最终才获得了这块宝地。

我称它为美丽迷人的伊甸园，看来我这么说还是恰如其分的。这块没人看得上眼的荒地，可能没一个人会往上面撒一把萝卜籽的，但是，对于膜翅目昆虫来说，它可是个天堂。荒地上那茁壮成长的荆刺蓟类植物和矢车菊，把周围的膜翅目昆虫全都吸引来了。我以前在野外捕捉昆虫时，从未遇到过任何一个地方，像这个荒石园那样，聚集着如此之多的昆虫，可以说，所有的膜翅目昆虫都聚集到这里来了。它们当中，有专以捕食活物为生的“捕猎者”，有以湿土造房的“筑窝者”，有梳理绒絮的“整理工”，有在花叶和花蕾中修剪材料备用的“备料工”，有以碎纸片建造纸板屋的“建筑师”，有搅拌泥土的“泥瓦工”，有为木头钻眼的“木工”，有在地下挖掘坑道的“矿工”，有加工羊肠薄膜的“技工”……还有不少干什么什么的，我也记不清了。

这是个干什么的呀？它是一只黄斑蜂。它在两年生矢车菊那蛛网般的茎上刮来刮去，刮出一个小绒球来，然后，它便得意扬扬地把这个小绒球衔在大颚间，弄到地下，制造一个棉絮袋子来装它的蛋和卵。那些你争我斗、互不相让的家伙是干什么的呀？那是一些切叶蜂，腹部下方有一个花粉刷，刷子颜色各异，有的呈黑色，有的呈白色，有的则是火红火红的颜色。它们还要飞离蓟类植物丛，跑到附近的灌木丛中，从灌木的叶子上剪下一些椭圆形的小叶片，把它们组装成容器，来装它们的收获物——花粉。你再看，那些一身黑绒衣服的，都是干什么的呀？它们是石泥蜂，专门加工水泥和卵石的。我们可以在荒石园中的石头上，很容易地看到它们所建造起来的房屋。还有那些突然飞起，左冲右突，大声嗡鸣的，是干什么的呀？它们是沙泥蜂，它们把自己的家安在破旧墙壁和附近向阳物体的斜面上。

现在，我们看到的是壁蜂。有的在蜗牛空壳的螺旋壁上建造自己的窝；有的在忙着啄一段荆条，汲取其汁液，以便为自己的幼虫做一个圆柱形的房屋，而且，房屋中用隔板隔开，隔成一层一层的，俨然一幢楼房；有的还在设法让一个折断了的芦苇中的天然通道派上用场；还有的，干脆就乐享其成地免费使用高墙石缝空闲着的走廊。让我们再来看看：那是大头蜂和长须蜂，其雄蜂都长着高高翘起的长触角；那是毛斑蜂，它的后爪上长着一个粗大的毛钳，是它的采蜜器官；那些是种类繁多的土蜂；此外，还有一些隧蜂，腰腹纤细。我就先这么简要地提上一句，不一一赘述，否则我得把采花蜜的昆虫全都记录下来了。我曾经把我新发现的昆虫呈送给波尔多③的昆虫学家佩雷教授，他问我是否有什么特别的捕捉方法，怎么会捕捉到这么多既稀罕鲜见而又全新的昆虫品种？我并不是什么捕捉昆虫的专家学者，更不是一心一意地在寻找昆虫、捕捉昆虫、制作标本的专家学者，我只是对研究昆虫的生活习性颇感兴趣的昆虫学爱好者。我所有的昆虫全都是我在长着茂密的蓟类植物和矢车菊的草地上捉到的，并喂养着它们。

真是机缘巧合，与这个采集花蜜的大家庭在一起的还有一群群捕食采蜜者的猎食者。泥瓦匠们在我的荒石园中垒造园子围墙时，遗留下来不少的沙子和石头，这儿那儿地随意堆放着。由于工程进展缓慢，拖了又拖，一开始就运到荒石园来的这些建筑材料便被这么遗弃着。渐渐地，石蜂们选中石头之间的空隙投宿过夜，一堆一堆地挤在一起。粗壮的斑纹蜂遇到袭击时，会向你迎面扑来，不管侵袭者是人还是狗。它们往往选择洞穴较深的地方过夜，以防金龟子的侵袭。白袍黑翅的鹡鸰鸟，宛如身着多明我会④服装的修士，栖息在最高的石头上，唱着它那并不动听的小曲短调。离它所栖息的石头不远，必定有它的窝巢，大概就在某个石头堆中，窝巢内藏着它的那些天蓝色的小蛋蛋。不一会儿，这位“多明我会修士”不见了踪影，消失在石头堆中了。我对这个鹡鸰鸟却是颇有点怀念，而对于那长耳斑纹蜂，我却并不因它的消失而感到遗憾。

沙堆却是另一类昆虫的幽居之所。泥蜂在那儿清扫门庭，用后腿把细沙往后蹬踢，形成一个抛物形；朗格多克飞蝗泥蜂用触角把无翅螽斯咬住，拖入洞中；大唇泥蜂正在把它的储备食物——叶蝉藏入窖中。让我心疼不已的是，泥瓦匠终于把那儿的猎手们全都给撵走了，不过，一旦有这么一天，我想让它们回来的话，我只需再堆起一些沙堆来，它们很快也就归来了。

居无定所的各种沙泥蜂倒是没有消失。我在春季里可看见某些品种的沙泥蜂，在秋季里又可看见另一些品种的沙泥蜂，飞到荒石园的小径和草地上，跳来飞去，寻找毛虫。各种蛛蜂也留在了园中，它们正拍打着翅膀，警惕地飞行着，朝着隐蔽的角落去捕捉蜘蛛。个头儿大的蛛蜂则窥伺着狼蛛⑤，而狼蛛的洞穴在荒石园中则有的是。这种蜘蛛的洞穴呈竖井状，井口由禾本植物的茎秆中间夹着蛛丝做成的护栏保护着。往洞穴底部看去，大多数的狼蛛个头儿很大，眼睛闪烁发亮，让人看了直起鸡皮疙瘩。对于蛛蜂来说，捕捉这种猎物可是非同小可的事啊！好吧，让我们观观战吧。在这盛夏午后的酷热之中，蚂蚁大队爬出了“兵营”，排成一个长蛇阵，到远处去捕捉奴隶。我们不妨忙里偷闲，随着这蚂蚁大军前行，看看它们是如何围捕猎物的吧。那儿，在一堆已经变成了腐殖质的杂草周围，只见一群长约一点五法寸⑥的土蜂正没精打采、懒洋洋地飞动着，它们是被金龟子、蛀犀金龟子和金匠花金龟子的幼虫吸引住了，那可是它们丰盛的美餐啊，所以便一头钻进那堆杂草中去了。

值得观察研究的对象简直是太多太多了，而且，光是这里，也只是提到了一部分而已！这座荒石园，人去楼空，房屋闲置、遗弃，地也撂荒了。没有人住的这座荒石园，成了动物的天堂，没有人会伤害它们，它们也就占据了这儿的角角落落。黄莺在丁香树丛中筑巢搭窝；翠鸟在柏树那繁茂的枝叶间落户安家；麻雀把碎皮头和稻草麦秆衔到屋瓦下；南方的金丝雀在它们那建在梧桐树梢的没有半个黄杏大的小安乐窝里鸣叫；红角鸮习惯了这儿的环境，晚间飞来唱它那单调歌曲，声似笛音；被人称为“雅典娜鸟”的猫头鹰也飞临此地，发出它那刺耳的咕咕声响。这座废弃屋前有一个大池塘。向村子里输送泉水的渡槽，顺带着也把清清的流水送到这个大池塘中。到动物发情的季节，两栖动物便从方圆一公里处往池塘边爬来。灯芯草蟾蜍——有的个头儿大如盘子——背上披着窄小细长的黄绶带，在池塘里幽会、沐浴；日暮时分，“助产士”雄蟾蜍的后腿上挂着一串胡椒粒似的雌蟾蜍的卵——这位宽厚温情的父亲，带着它珍贵的卵袋从远方蹦跳而来，要把这卵袋没入池塘中，然后再躲到一块石板下面，发出铃铛般的声响；成群的雨蛙躲在树丛间，不想在此时此刻哇哇乱叫，而是以优美动人的姿势在跳水嬉戏。五月里，夜幕降临之后，这个大池塘就变成了一个大乐池，各种鸣声交织，震耳欲聋，以致你若是在吃饭，就甭想在饭桌上交谈，即使躺在床上，也难以成眠。为了让园内保持安静，你必须采取严厉的措施。不然又怎么办？想睡而又被吵得无法入睡的人，心当然会变硬的。

膜翅目昆虫简直无法无天，竟然把我的隐居之所也给侵占了。白边飞蝗泥蜂在我屋门槛前的瓦砾堆里做窝，为了踏进家门，我不得不特别小心，否则，一不留神，就会把它的窝给踩坏，而正在忙活的“矿工们”将会遭灭顶之灾。我已经有整整二十五年没有看到过这种捕捉蝗虫的高手了。记得我第一次看见它时，是我走了好几里地去寻找的；其后，每次去寻访它时，都是顶着那八月火热的骄阳前去，忍受着那艰难的长途跋涉。可是，今天，我却在自家门前见到了它们，它们竟然成了我的芳邻了。关闭的窗户框为长腹蜂提供了温度适宜的套房；它那泥筑的蜂巢，建在了规整石材砌成的内墙壁上；这些捕食蜘蛛的好猎手归来时，穿过窗框上本来就有的一个现成的小洞孔，钻入房内。百叶窗的线脚上，几只孤身的石蜂建起了它们的蜂房群落；略微开启着的防风窗板内侧，一只黑胡蜂为自己建造了一个小土圆顶，圆顶上面有一个大口短细颈脖。胡蜂和马蜂经常光顾我家，它们飞到饭桌上，尝尝桌上放着的葡萄是否熟透了。

这儿的昆虫确实是又多又全，而我所见到的只不过是一小部分。如果我能与它们交谈的话，那么，我就会忘掉孤苦寂寥，变得情趣盎然。这些昆虫，有些是我的新朋，有的则是我的旧友，它们全都在我这里，挤在这方小天地之中，忙着捕食、采蜜、筑窝、搭巢。另外，若是想要改变一下观察环境，这也不难，因为几百步开外便是一座山，山上满是野草莓丛、岩蔷薇丛、欧石楠树丛；山上有泥蜂们所偏爱的沙质土层，有各种膜翅目昆虫喜欢开发利用的泥灰质坡面。我正是因为早已认准了这块风水宝地，这笔宝贵财富，才逃避开城市，躲到这乡间里来，来到塞里尼昂这儿，给萝卜地锄草，给莴苣地浇水。

人们花费大量资金，在大西洋沿岸和地中海边建起许许多多的实验室，以便解剖对我们来说并无多大意义的海洋中的小动物；人们耗费大量钱财，购置显微镜、精密的解剖器械、捕捞设备、船只，雇用捕捞人员，建造水族馆，为的是了解某些环节运动的卵黄是如何分裂的。我直到如今都没弄明白，这些人搞这些有什么用处？为什么他们偏偏就对陆地上的小昆虫瞧不上眼、不屑一顾？这些小昆虫可是与我们息息相关的，它们向普通生理学提供着难能可贵的资料。它们中有一些在疯狂地吞食我们的农作物，肆无忌惮地在破坏公共利益。我们迫切地需要一座昆虫学实验室，一座不是研究三六酒⑦里的死昆虫，而是研究活蹦乱跳的活昆虫的实验室，一座以研究这个小小的昆虫世界的动物之本能、习性、生活方式、劳作、争斗和生息繁衍为目的的昆虫实验室，而我们的农业和哲学又必须对之予以高度重视。彻底掌握对我的葡萄树进行吞食、蹂躏的那些昆虫，可能要比了解一种蔓足纲动物的某一根神经末梢结尾是个什么状态更加重要。通过实验来划分清楚智力与本能的界限，通过比较动物系列的各种事实，以揭示人的理性是不是一种可以改变的特性等这一切，应该比了解一个甲壳动物的触须有多少要重要得多。为了解决这些大问题，必须动用大批的工作人员，可是，就目前来说，我只是在孤军奋战。当下，人们的注意力放在了软体动物和植虫动物⑧的身上了。人们花费大量的资金购置许许多多的拖网去探索海底世界，可是，对自己脚下的土地却漠然处之，不甚了解。我在等待着人们改变态度的同时，开辟了我的荒石园这座昆虫实验室，而这座实验室却用不着花纳税人的一分钱。

（本篇选自原著第二卷）

注释：

① Roc erat in vofis：拉丁文，意为“钟情宝地”。

②休伦人：十七世纪时北美洲印第安人中的一支。

③波尔多：法国西南部的一个中心城市。

④多明我会：又称“布道兄弟会”，俗称“黑农兄弟会”，是天主教四大托钵修会之一。

⑤狼蛛：又称纳尔仓那蛛，中型蜘蛛，体灰褐色，不结网，常游猎于田间、水边及山区。

⑥法寸：法国长度单位，一法寸约为二十七点零七毫米。

⑦三六酒：旧时一种八十五度以上的烧酒，取三份烧酒，兑三份水，即成六份普通烧酒。

⑧植虫动物：按照以前的分类体系，是介于植物和动物的中间型，例如海绵、水螅、水母等。

我们所熟悉的昆虫

蝉的地穴

将近夏至时分，第一批蝉出现了。在人来人往、被太阳暴晒、被踩踏瓷实的一条条小路上，张开着一些能伸进大拇指、与地面持平的圆孔洞。这就是蝉的幼虫从地下深处爬回地面变成蝉的出洞口。除了耕耘过的田地以外，几乎到处可见一些这样的洞。这些洞通常都在最热最干的地方，特别是在道旁路边。出洞的幼虫有锐利的工具，必要时可以穿透泥沙和干黏土，所以它们喜欢最硬的地方。

我家花园的一条甬道由一堵朝南的墙反射阳光，照得如同到了塞内加尔一样，那儿有许多的蝉出洞时留下的圆洞口。六月的最后几天，我检查了这些刚被遗弃的井坑。地面土很硬，我得用镐来刨。

地洞口是圆的，直径约二点五厘米。在这些洞口的周围，没有一点儿浮土，没有一点儿推出洞外的土形成的小丘。事情十分清楚：蝉的洞不像粪金龟这帮挖掘工的洞，上面堆着一个小土堆。这种差异是二者的工作程序造成的。食粪虫是从地面往地下掘进，它是先挖洞口，然后往下挖去，随即把浮土推到地面上来，堆成小丘。而蝉的幼虫则相反，它是从地下转到地上，最后才钻开洞口，而洞口是最后的一道工序，一打开就不可能用来清理浮土了。食粪虫是挖土进洞，所以在洞口留下了一个鼹鼠丘；而蝉的幼虫是从洞中出来，无法在尚未做成的洞口边堆积任何东西。

蝉洞约深四分米。洞是圆柱形，因地势的关系而有点弯曲，但始终要靠近垂直线，这样路程是最短的。洞的上下完全畅通无阻。想在洞中找到挖掘时留下的浮土是徒劳的，哪儿都见不着浮土。洞底是个死胡同，成为一间稍微宽敞些的小屋，四壁光洁，没有任何与延伸的什么通道相连的迹象。

根据洞的长度和直径来看，挖出的土有将近两百立方厘米。挖出的土都跑哪儿去了呢？在干燥易碎的土中挖洞，洞坑和洞底小屋的四壁应该是粉末状的，容易塌方，如果只是钻孔而未做任何其他加工的话。可我却惊奇地发现洞壁表面被粉刷过，涂了一层泥浆。洞壁实际上并不十分光洁，但是，粗糙的表面被一层涂料盖住了。洞壁那易碎的土料浸上黏合剂，便被黏住不脱落了。

蝉的幼虫可以在地洞中来来回回，爬到靠近地面的地方，再下到洞底小屋，而带钩的爪子却未刮擦下土来，否则会堵塞通道，上去很难，回去不能。矿工用支柱和横梁支撑坑道四壁；地铁的建设者用钢筋水泥加固隧道；蝉的幼虫这个毫不逊色的工程师用泥浆涂抹四壁，让地洞长期使用而不堵塞。

如果我惊动了从洞中出来爬到近旁的一根树枝上去，在上面蜕变成蝉的幼虫的话，它会立即谨慎地爬下树枝，毫无阻碍地爬回洞底小屋里去，这就说明即使此洞就要永远被丢弃了，洞也不会被浮土堵塞。

这个上行管道不是因为幼虫急于重见天日而匆忙赶制的；这是一座货真价实的地下小城堡，是幼虫要长期居住的宅子。墙壁进行了加工粉刷就说明了这一点。如果只是钻好之后不久就要丢弃的简单出口的话，就用不着这么费事了。毫无疑问，这也是一种气象观测站，外面天气如何在洞内可以探知。幼虫成熟之后要出洞，但在深深的地下它无法判断外面的气候条件是否适宜。地下的气候变化太慢，不能向幼虫提供精确的气象资料，而这又正是幼虫一生中最重要的时刻——来到阳光下蜕变——所必须了解的。

幼虫用几个星期甚至几个月的时间耐心挖土、清道、加固垂直洞壁，但却不把地表挖穿，而是与外界隔着一层一指厚的土层。在洞底它比在别处更加精心地修建了一间小屋。那是它的隐蔽所、等候室。如果气象报告说要延期搬迁的话，它就在里面歇息。只要稍微预感到风和日丽的话，它就爬到高处，透过那层薄土盖子探测，看看外面的温度和湿度如何。

如果气候条件不如意，刮大风下大雨，那对幼虫蜕变是极其严重的威胁，那谨小慎微的小家伙就又回到洞底屋中继续静候着。相反，如果气候条件适宜，幼虫便用爪子捅几下土层盖板，便可以钻出洞来。

似乎一切都在证实，蝉洞是个等候室，是个气象观测站。幼虫长期待在里面，有时爬到地表下面去探测一下外面的天气情况，有时便潜于地洞深处更好地隐蔽起来。这就是为什么蝉在地洞深处建有一个合适的歇息所，并将洞壁涂上涂料以防止塌落的原因之所在。

但是，不好解释的是，挖出的浮土都跑到哪儿去了？一个洞平均得有两百立方厘米的浮土，怎么全都不见了踪影？洞外不见有这么多浮土，洞内也见不着它们。再说，这如炉灰一般的干燥泥土，是怎么弄成泥浆涂在洞壁上的呢？

蛀蚀木头的那些虫子的幼虫，比如天牛和吉丁的幼虫，好像应该可以回答第一个问题。这种幼虫在树干中往里钻，一边挖洞，一边把挖出来的东西吃掉。这些东西被幼虫的颚挖出来，一点一点地被吃下，消化掉。这些东西从挖掘者的一头穿过，到达另一头，被滤出那一点点的营养成分后，排泄出来，堆积在幼虫身后，彻底堵塞了通道，幼虫也就不得再从这儿通过了。由胃或颚进行的这种最终分解，把消化过的物质压缩成比没有被伤及的木质更加密实的东西，致使幼虫前边就出现一片空地，一个小洞穴，幼虫可以在其中干活儿。这个小洞穴很短小，仅够关在里面的这个囚徒行动。

蝉的幼虫是不是也是用类似的方法钻掘地洞的呢？当然，挖出来的浮土是不会通过幼虫的体内的，而且，泥土，哪怕是最松软的腐殖土，也绝不会成为蝉的幼虫的食物。但是，不管怎么说，被挖出来的浮土不是随着工程的进展被逐渐地抛在幼虫身后了吗?

蝉要在地下待四年。这么漫长的地下生活当然不会是在我们刚才描绘的准备出洞时的小屋中度过的。幼虫是从别处来到那儿的，想必是从比较远的地方来的。它是个流浪儿，把自己的吸管从一个树根插到另一个树根。当它或因为冬天逃离太冷的上层土壤，或因为要定居于一个更好的处所而迁居时，它便为自己开出一条道来，同时把用颚这把镐尖挖出的土抛在身后。这一点是无可争辩的。

如同天牛和吉丁的幼虫一样，这个流浪儿在移动时只要很小的空间就足够了。一些潮湿的、松软的、容易压缩的土对于它来说就等于是天牛和吉丁幼虫消化过后的木质糊糊。这种泥土很容易压缩，很容易堆积起来，留出空间。

困难来自另一个方面。蝉洞是在干燥的土中挖掘而成的，只要土始终保持干燥，那就很难压紧压实。如果幼虫开始挖通道时就把一部分浮土扔到身后的一条先前挖好而现已消失的地道中去，这也是比较有可能的，尽管还没有任何迹象可以证明这一点。不过，如果考虑到洞的容量以及极难找到地方堆积这么多的浮土的话，你就又会怀疑起来，心想："这么多的浮土，必须有一个很大的空间才能存放得下，而挖成这个空间也要出现许多的浮土，要存放起来同样是困难重重。这样就又得有一个空间，同样也就又会有许多浮土，如此循环不已。"就这么转来转去，没有个头。因此，光是把压紧压实的浮土抛到身后尚无法解释这个空间的出现这一难题。为了清除掉碍事的浮土，蝉应该有一种特殊的法子。我们来试试解开这个谜。

我们仔细观察一只正在往洞外爬的幼虫。它或多或少总要带上点或干或湿的泥土。它的挖掘工具——前爪尖尖上沾了不少的泥土颗粒；其他部位像是戴上了泥手套；背部也满是泥土。它就像是一个刚捅完阴沟的清洁工。这么多污泥让人看了惊讶不已，因为它是从一个很干燥的土里爬出来的。本以为会看见它满身的粉尘，但却发现它一身的污泥。

再顺着这个思路往前观察一下，蝉洞的秘密就解开了。我把一只正在对其洞穴进行挖掘的幼虫给挖了出来。我运气真好，幼虫正开始挖掘时我便有了惊人的发现。一个大拇指一样长的地洞，没有任何的阻塞物，洞底是一间休息室，眼下全部工程就是这个状况。那位辛勤的工人现在是个什么样呢？就是下面的这种状况。

这只幼虫的颜色显得比我在它们出洞时捉到的那些幼虫苍白得多。眼睛非常大，特别白，浑浊不清，看不清东西。在地下视力有什么用？而出了洞的幼虫的眼睛则是黑黑的，闪闪发亮，说明能看得见东西。未来的蝉儿出现在阳光下，就必须寻找，有时还得到离洞口挺远的地方去寻找将在其上蜕变的悬挂树枝。这时候视力就非常重要了。这种在准备蜕变期间的视力的成熟足以告诉我们，幼虫并非仓促地即兴挖掘自己的上行通道，而是干了很长的时间。

另外，苍白而眼盲的幼虫比成熟状态时体形要大。它身体内充满了液体，就像是患了水肿。用指头捏住它，尾部便会渗出清亮的液体，弄得全身湿漉漉的。这种由肠内排出来的液体是不是一种尿液？或者只是吸收液汁的胃消化后的残汁？我无法肯定，为了说起来方便，我就称它为尿吧。

喏，这个尿就是谜底。幼虫在向前挖掘时，也随时把粉状泥土浇湿，使之成为糊状，并立即用身子把糊状泥压贴在洞壁上。这具有弹性的湿土便糊在了原先干燥的土上，形成泥浆，渗进粗糙的泥土缝隙中去。拌得最稀的泥浆渗透到最里层；剩下的则被幼虫再次挤压、堆积，涂在空余的间隙中。这样一来，坑道便畅通无阻了，一点浮土都不见了，因为已被就地和成了泥浆，比原先的没被钻透的泥土更瓷实、更匀称。

幼虫就是在这黏糊糊的泥浆中干活儿来着，所以当它从极其干燥的地下出来时便浑身泥污，让人觉得十分蹊跷。成虫虽然完全摆脱了矿工的又脏又累的活儿，但并未完全丢弃自己的尿袋；它把剩余的尿液保存起来当作自卫的手段。如果谁离得太近观察它，它就会向这个不知趣的人射出一泡尿，然后便一下子飞走了。蝉尽管性喜干燥，但在它的两种形态中，都是一个了不起的浇灌者。

不过，尽管幼虫身上积满了液体，但它还是没有那么多的液体来把整个地洞挖出的浮土弄湿，并让这些浮土变成易于压实的泥浆。蓄水池干涸了，就得重新蓄水。从哪儿蓄水，又如何蓄水？我觉得隐约地看到问题的答案了。

我极其小心地整个儿挖开了几个地洞，发现洞底小屋壁上嵌着一根生命力很强的树根根须，大小有的如铅笔粗细，有的如麦秸秆一般。露出来可以看得见的树根根须短小，只有几毫米。根须的其余部分全都植于周围的土里。这种液汁泉是偶然遇上的，还是幼虫特意寻找的？我倾向于后一种答案，因为至少当我小心挖掘蝉洞时，总能见到这么一种根须。

是这样的。要挖洞筑室的蝉，在开始为未来的地道下手之前，总要在一个新鲜的小树根近旁寻觅一番。它把一点根须刨出来，嵌于洞壁，而又不让根须突出壁外。这墙壁上的有生命的地点，我想就是液汁泉，幼虫尿袋在需要时就可以从那儿得到补充。如果由于用干土和泥而把尿袋用光了，幼虫矿工便下到自己的小屋里去，把吸管插进根须，从那取之不尽的水桶里吸足水。尿袋灌满之后，它便重新爬上去，继续干活儿，把硬土弄湿，用爪子拍打，再把身边的泥浆拍实、压紧、抹平，畅通无阻的通道便做成了。情况大概就是这样。虽然没法直接观察到，而且也不可能跑到地洞里去观察，但是逻辑推理和种种情况都证实了这一结论。

如果没有根须那个大水桶，而幼虫体内的蓄水池又干涸了，那会怎么样呢？下面这个实验会告诉我们答案。我把一只正从地下爬出来的幼虫捉住了，把它放进一个试管的底部，用松松地堆积起来的一试管干土把它埋起来。这个土柱子高一点五分米。这只幼虫刚刚离开的那个地洞比试管长出三倍，虽说是同样的土质，但洞里的土要比试管里的土密实得多。幼虫现在被埋在我那短小的粉状土柱子里，它能重新爬到外面来吗？如果它努力挖的话，肯定是能爬出来的。对于一个刚从硬土地中挖洞爬出来的幼虫来说，一个不坚固的障碍能在话下吗？

然而我却有所怀疑。为了最后顶开把它与外界隔开的那道屏障，幼虫已经把最后储备的液体消耗光了。它的尿袋干了，没有活的根须它就毫无办法再把尿袋灌满。我怀疑它无法成功确实不无道理。果不其然，三天后，我看到被埋着的幼虫耗尽了体力，终未能爬一拇指高。浮土被扒动过，因无黏合剂而无法当场黏合，无法固定不动，刚一拨弄开，便又塌下来，回到幼虫爪下。老这么挖、扒，总也不见大的成效，总是在做无用功。第四天，幼虫便死了。

如果幼虫的尿袋是满的，结果就大不相同。我用一只刚开始准备蜕变的幼虫进行了同样的实验。它的尿袋鼓鼓的，在往外渗，身子都全湿了。对于它来说，这活儿是小菜一碟。松松的土几乎毫无阻力。幼虫稍稍用尿袋的液体润湿，便把土和成了泥浆，黏合起来，再把它们抹开、抹平。地道通了，但形状不很规则，这倒不假，随着幼虫不断往上爬，它身后几乎被堵上了。看起来好像是幼虫知道自己无法补充水，因而为了尽快地摆脱一个它很陌生的环境而节约自己身上那仅有的一点液体，不到万不得已绝不动用。就这么精打细算的，十来天之后，它终于爬到外面来了。

出洞口被捅开之后，大张着嘴待在那儿，宛如被粗钻头钻出的一个孔。幼虫爬出洞来后，在附近徘徊一阵，寻找一个空中支点，诸如细荆条、百里香丛、禾蒿秆儿、灌木枝杈什么的。一旦找到之后，它便爬上去，用前爪牢牢地抓住，脑袋昂着。如果树枝有地方的话，其余的爪子也撑在上面；如果树枝很小，没多少地方，两只前爪钩住就足够了。然后便休息片刻，让悬着的爪臂变硬，成为牢不可破的支撑点。这时候，中胸从背部裂开来。蝉从壳中蜕变而出，前后将近半小时的工夫。蝉从壳中蜕变出来后，与先前的模样儿大相径庭！双翼湿润、沉重、透明，上面有一条条的浅绿色脉络。胸部略呈褐色。身体的其余部分呈浅绿色，有一处处的白斑。这脆弱的小生命需要长时间地沐浴在空气和阳光之中，以强壮身体，改变体色。将近两小时过去了，却未见有明显的变化。它只是用前爪钩住旧皮囊，稍有点微风吹来，它就飘荡起来，始终是那么脆弱，始终是那么绿。最后，体色终于变深了，越来越黑，它终于完成了体色改变的过程，这一过程用了半个小时。蝉儿上午九点悬在树枝上，到十二点半的时候，我看着它飞走了。

旧壳除了背部的那条裂缝之外，并无破损，并且牢牢地挂在那根树枝上，晚秋的风雨也没能把它吹落或打下。常常可以看到有的蝉壳一挂就是好几个月，甚至整个冬天都挂在那儿，姿态仍旧如同幼虫蜕变时的一模一样。旧壳质地坚固，硬如干羊皮，如同蝉儿的替身似的久久地待在那儿。

啊！如果我对我的那些农民乡邻所说的事全都信以为真的话，有关蝉儿的故事我可有不少好听的呢。我就只讲一个他们讲给我听的故事吧，只讲一个。

你受肾衰之苦吗？你因水肿而走路晃晃悠悠的吗？你需要治它的特效药吗？农村的偏方在对待这种病上有特效，那就是用蝉来治。把蝉的成虫在夏天里收集起来，穿成一串，在太阳下晒干，然后好生地藏在衣橱角落里。如果一个家庭主妇七月里忘了把蝉穿起来晒干收藏，那她会觉得自己太粗心大意了。

你是否肾脏突然有点炎症，尿尿有点不畅？赶快用蝉熬汤药吧，据说没什么比这更有效的了。以前，我不知哪儿有点不舒服，一个热心肠的人就让我喝过这种汤药，我起先不知道，是事后别人告诉我的。我很感谢这位热心者，但我对这种偏方深表怀疑。令我惊诧不已的是，阿那扎巴①的老医生迪约斯科里德也建议用此偏方，他说：“蝉，干嚼吃下，能治膀胱痛。”从佛塞②来的希腊人把蝉和橄榄树、无花果树、葡萄等传授给了普罗旺斯的农民。自那遥远年代起，普罗旺斯的农民便把这宝贵的药材奉若至宝。只有一点有所变化：迪约斯科里德建议把蝉烤着吃；现在，大家把蝉用来煨汤，作为煎剂。

说此偏方可以利尿，纯属幼稚天真。我们这儿人人皆知，谁要想抓蝉，它就立即向谁脸上撒尿，然后飞走。因此，它告诉了我们其排尿的功能，以致迪约斯科里德及其同时代的人便以此为据，而我们普罗旺斯的农民至今仍这么认为。

啊，善良的人们！如果你们获知蝉的幼虫能用尿和泥来建自己的气象站的话，那你们又会怎么想呢？拉伯雷描写道，卡冈都亚③坐在巴黎圣母院的钟楼上，从自己巨大的膀胱里往外尿尿，把巴黎成百上千的闲散的人淹死了，还不包括妇女和儿童，否则人数会更多。你们知道这个故事后，也会信以为真吗？

（本篇选自原著第五卷）

注释：

①阿那扎巴：小亚细亚的一座古城，迪约斯科里德的故乡。

②佛塞：小亚细亚的一座古城，公元前七世纪时的商业重镇。

③卡冈都亚：法国十六世纪著名作家拉伯雷的《巨人传》中的主人公。

螳螂捕食

还有一种南方的昆虫，其令人感兴趣的程度至少与蝉一样，但声名却远不及后者，因为它总是悄无声息的。如果上苍赐予它一个深得人心的第一要素——音钹的话，凭着它奇特的形体与习性，它准能让著名歌手蝉的声誉黯然失色。这里的人们称它为“祷上帝”，学名则叫螳螂，拉丁文名为“修女袍”①。

科学的术语与农民朴素的词汇在这儿是相互吻合的，都把这种奇特的生物看成是一个传达神谕的女预言家，一个沉湎于神秘信仰的苦修女。这种比喻由来已久。古希腊人早就把这种昆虫称为“占卜者”“先知”。庄户人在比喻方面也是乐行其事的，他们对所见的模糊材料大加补充。他们看见在烈日炙烤的草地上有一只仪态万方的昆虫半昂着身子庄严地立着。只见它那宽阔薄透的绿翼像亚麻长裙似的掩在身后，两只前腿，可以说是两只胳膊，伸向天空，一副祈祷的架势。只这些足矣，剩下的由百姓们的想象去完成。于是乎，自远古以来，荆棘丛中就住满了这些传达神谕的女预言者、向上苍祷告的苦修女了。

啊，天真幼稚的好心的人们，你们犯了多么大的错误呀！它的种种祈祷似的神态掩藏着许多残忍习性；那两只祈求的臂膀是可怕的劫掠工具：它并不捻动念珠，而是要结果一切从旁经过的猎物。人们怎么也没想到螳螂竟然是直翅目食草昆虫中的一个例外，它专门吃活食。它是昆虫界和平居民的老虎，是埋伏着捕捉新鲜肉食的妖魔。可想而知，它力大无穷，又嗜肉成性，外加它那完美而可怕的捕捉器，使它可能成为野地上的一霸。“祷上帝”变成了凶神恶煞般的刽子手。

如果不提它那置人于死地的工具，螳螂其实没有什么可以让人担惊受怕的。它甚至不乏典雅优美，因为它体形矫健，上衣雅致，体色淡绿，薄翼修长。它没有张开如剪刀般的凶残大颚，相反却小嘴尖尖，好像生就是用来啄食的。借助从前胸伸出的柔软脖颈，它的头可以转动，左右旋转，俯仰自如。昆虫之中，唯有螳螂引导目光，可以观察，可以打量，几乎还带有面部表情。

它整个身躯一副安详状，同极其准确地被誉为“杀人机器”的前爪相比起来，反差极大。它的腰肢异常的长而有力，其功用就是向前伸出狼夹子，不是坐等送死鬼，而是去捕捉猎物。捕捉器稍有点装饰，颇为漂亮。腰肢内侧饰有一个美丽的黑圆点，中心有白斑，圆点周围有几排细珍珠点作为陪衬。

它的大腿更长，宛如扁平的纺锤，前半段内侧有两行尖利的齿刺。里面一行有十二颗长短相间的齿刺，长的黑色，短的绿色。这种长短齿刺相间增加了啮合点，使利器更加锋利有效。外面的一行简单得多，只有四颗齿刺。两行齿刺末端有三颗最长的。总之，大腿是一把双排平行刃口的钢锯，其间隔着一条细槽，小腿屈起可放入其间。

小腿与大腿有关节相连，伸屈非常灵活，它也是一把双排刃口钢锯，齿刺比大腿上的钢锯短些，但数量更多更密。末端有一硬钩，其尖利可与最好的钢针相媲美，钩下有一小槽，槽两侧是双刃弯刀或修枝剪。

这硬钩是高精度的穿刺切割工具，让我一看到就觉得后怕。我在捉螳螂时，不知有多少回被我一把抓住的这家伙给钩住，我腾不出手来，只好求助别人帮我摆脱这个顽固的俘虏！谁要是想不先把刺入肉中的硬钩弄出来就硬拽开螳螂，那他的手肯定会像被玫瑰花刺儿扎了一样，出现道道伤疤。昆虫中没有谁比它更难对付的了。这家伙用修枝剪挠你，用尖钩划你，用钳子夹你，让你几乎无还手之力，除非你用拇指捏碎它，结束战斗，那样的话，你也就抓不着活的了。

螳螂在休息时，捕捉器折起来，举于胸前，看上去并不伤害别人，一副在祈祷的昆虫的架势。但是，一旦猎物突然出现，它就立刻收起它那副祈祷姿态。捕捉器的那三段长的部件突地伸展开去，末端伸到最远处，抓住猎物后便收回来，把猎物送到两把钢锯之间。老虎钳宛如手臂内弯似的，夹紧猎物，这就算是大功告成了：蝗虫、蚱蜢或其他更厉害的昆虫，一旦被夹在那四排尖齿之中，便小命呜呼了。无论它如何拼命挣扎，又扭又蹬，螳螂那可怕的凶器是死咬住不放的。

如果要对螳螂的习性进行系统研究的话，必须要在家中饲养，在野外它无拘无束的情况下，是研究不了的。饲养它并不困难，因为只要好吃好喝地伺候，它并不在乎被囚在钟形罩中。我们得每天给它精美食物，天天换样儿，那它就不怎么会因失去荆棘丛而感觉遗憾了。

我准备了十来只宽大的金属网罩，用来关押我的囚徒，同饭桌上罩饭菜防苍蝇的网罩一样。每一个罩子都扣在一个装满沙子的瓦罐上。笼里放着一束干百里香、一块为将来产卵用的平石头，这就是它的全部家当。这一座座的小屋排放在我动物实验室的大桌子上，那儿白天大部分时间日照充足。我把我的俘虏们关在笼子里，有的单独囚禁，有的集体关押。

我是八月下旬开始在路边干草堆中和荆棘丛里看到成年螳螂的。肚子已经很大了的雌性螳螂日见增多。而它们瘦弱的雄性伴侣却比较少见，我有时得花很大的劲儿才能给我的那些雌性俘虏配对，因为囚笼中那些雄性小个子经常被悲惨地吃掉。这种惨剧我们先按下不表，先来说说那些雌性螳螂。

雌性螳螂饭量极大，喂养时间长达数月，所以食物的维系并非易事。几乎必须每天更换食物，而大部分都被它们稍微尝上几口便不屑地弃之不食了。我敢相信，螳螂在它们的出生地荆棘丛中，会更注意节约些的。由于猎物不充足，它们会把到手的食物吃干净为止，可在我的笼子里，它们就大手大脚了，常常咬上几口之后，便把那鲜美的食物撇下不吃了。它们似乎在以这种方式排遣囚禁之烦恼吧。

为了对付这种奢侈浪费，我必须寻找援助了。附近的两三个无所事事的小家伙在我的面包片和甜瓜块的引诱下，每天早上和晚上跑到周围的草丛中去摆放用芦苇编成的小笼子，里面装着活蹦乱跳的蝗虫、蚱蜢。而我也没闲着，手拿网子，每天在围墙周围转悠，企盼能为我的住客们弄点鲜美猎物。

这些美味食物是我想用来了解螳螂的胆量和力气到底有多大而放的。在这些美味之中，大灰蝗虫个头儿要比吃它的螳螂大得多；白额螽斯的大颚有力，我们的指头都怕被它咬伤；蚱蜢怪模怪样，扣着金字塔形的帽子；葡萄树距螽音钹声嘎嘎响，圆乎乎的肚腹上还长有一把大刀。除了这些难以下嘴的野味外，还有两种可怕的猎物：一个是圆网蛛，肚子似圆盘，带有彩花边饰，大小如一枚二十苏②的硬币；另一个是冠冕蛛，形象凶恶，鼓腹腆肚，令人望而生畏。

当我看到笼子里的螳螂一见到面前的各种猎物便勇猛地冲上前去的劲头儿，我便毫不怀疑它们在野地里遇见类似对手时也一定是毫不畏缩的。如同在我的金属网罩中它尽享我慷慨奉上的美味一样，在荆棘丛中，它必定毫不客气地享用偶然送上门来的肥美猎物。对大猎物的这种捕猎充满危险，绝不是心血来潮之举，应该是它习以为常的事。然而，这种捕猎似乎并不多见，因为机会不多，也许这是螳螂的一大憾事。

各种各样的蝗虫，还有蝴蝶、蜻蜓、大苍蝇、蜜蜂以及其他中不溜儿的昆虫，都是它日常所能抓到的猎物。反正，在我的笼子里，大胆的女猎手在任何猎物前都没有退缩过。无论是灰蝗虫还是螽斯，也无论是圆网蛛还是冠冕蛛，迟早都逃不脱它的利爪，在它的锯齿内动弹不得，被它津津有味地嚼食。这种情形是值得讲述一下的。

一看见罩壁上傻乎乎靠近的大蝗虫，螳螂痉挛似的一颤，突然摆出吓人的姿态。电流击打也不会产生这么快的效应。那转变是如此突然，样子是如此吓人，以致一个没有经验的观察者会立即犹豫起来，把手缩回来，生怕发生意外。即使像我这么已习以为常的人，如果心不在焉的话，遇此情况也不免吓一大跳。这就像是突然从一个盒子里弹出一种吓人的东西——一种小魔怪似的。

它的鞘翅随即张开，斜掩在两侧；双翼整个儿展开来，似两张平行的船帆一样立着，宛如脊背上竖起阔大的鸡冠；腹端蜷成曲棍状，先翘起来，然后放下，再突然一抖，放松下来，随即发出噗噗的声响，宛如火鸡展屏时发出的声音一般，也像是突然受惊的游蛇吐芯时的声响。

它的身子傲岸地支在四条后腿上，上身几乎呈垂直状。原先收缩贴在胸前的劫持爪，现在完全张开，呈“十”字形挺出，露出装点着几排珍珠粒的腋窝，中间还露出一个白心黑圆点。这黑的圆点恍如孔雀尾羽上的斑点，还带着些象牙质的纤细凸纹，这是它战斗时的法宝，平时是密藏着的，只在打斗时为了显得凶恶可怕，盛气凌人，才展露出来。

螳螂以这种奇特姿态一动不动地待着，目光死死地盯住大蝗虫，对方移动，它的脑袋也跟着稍稍转动。这种架势的目的是显而易见的：螳螂是想震慑、吓瘫强壮的猎物，如果后者没被吓破了胆的话，后果将不堪设想。

它成功了吗？谁也搞不清楚螽斯那光亮的脑袋里或蝗虫那长脸后面在想些什么。它们那麻木的面罩上没有任何惊恐呈现在我们的眼前。但是，可以肯定被威胁者是知道危险的存在的。它看见自己面前挺立着一个怪物，

1907

高举着双钩，准备扑下来；它感到自己面对着死亡，但还来得及时它却并没有逃走。它本是个长腿的蹦跳者，善于高跳，轻而易举地就能跳出对方利爪的范围，可它却偏偏蠢乎乎地待在原地，甚至还慢慢地向对方靠近。

据说，小鸟见到蛇张开的大嘴会吓瘫，看见蛇的凶狠目光会动弹不得，任由对方吞食。许多时候，蝗虫差不多也是这么一种状态。现在它已落入对方威慑的范围。螳螂将两只大弯钩猛压下来，爪子一抓，双锯合拢、夹紧。不幸的蝗虫已无还手之力：它的大颚咬不着螳螂，后腿只是胡乱地蹬踢——它的小命休矣！螳螂收起它的战旗——翅膀，复现常态，开始美餐。

在抓获蚱蜢和巨螽这种危险小于大灰蝗虫和螽斯的昆虫时，螳螂那魔怪般的姿态没有那么咄咄逼人，持续时间也没那么长。它只需将大弯钩一伸就解决问题了。对付蜘蛛也是如此，只需拦腰抓住对方，就用不着担心其毒钩了。对于其日常食物里不起眼的蝗虫，无论是在我的笼子里还是野地里，螳螂都极少用它的震慑法子，它只是一把抓住闯进它势力范围的冒失鬼就完事了。

当要捕食的活物可能会进行顽强抵抗时，螳螂则不敢怠慢，要利用一种震慑、恫吓猎物的姿态，让自己的利钩有办法稳稳地钩住对方。随后，它的狼夹子便把吓傻了毫无还手之力的受害者夹紧。它就是以这种迅猛的魔怪般的姿势把自己的猎物吓瘫的。

在这种怪诞的姿势中，双翅起了很大的作用。螳螂的翅膀很宽大，外边缘呈绿色，其余部分是无色半透明的。纵向上有许多经翅脉，呈扇面状辐射开来。还有一些更细的、横向的翅脉，呈直角与纵向翅脉相切，与之形成无数的网眼。在呈魔怪姿态时，翅膀展开，立成两个平行的平面，几乎相互触及，犹如昼间休憩的蝴蝶的翅膀一样。两翅之间，翘卷着的腹端突然剧烈抖动起来。肚腹摩擦翅脉，发出一种喘息声，我把它比作处于防御的游蛇吐芯的声音。如果要模仿这种声响，只需用指尖快速擦过展开的翅膀的正面即可。

几天没吃食的螳螂，因饥饿难忍，能一下子把与它相同大小或比它个头儿大的灰蝗虫全部吃掉，只撇下其翅膀，因为翅膀太硬而无法消受。要吃光这么个大猎物，两小时足够了。但这么狼吞虎咽的情况甚是罕见，我曾见到过一两次，当时就一直纳闷儿，这个饕餮者是怎么找到地方存这么多的食物的？容量小于容积的原理是怎么颠倒过来为螳螂服务的？我惊叹它的胃的高超特性，竟能让食物立即消化、溶解，穿肠而过。

在我的笼子里，蝗虫是螳螂的家常饭菜，大小不等，种类各异。看着它用劫持爪上的那对钳子夹住蝗虫蚕食，实属一件趣事。虽然说它那尖尖的小嘴似乎并不像是生就为大吃大喝所用的，可猎物却被它吃光了，只剩下双翅，而且，翅根上多少有点肉的地方也没有放过。爪子、硬皮全都穿肠而过。有时候，螳螂抓住一条肥硕的后大腿，送到嘴边，细细地品味着，一副心满意足的神态。蝗虫的肥硕大腿对它来说可能是上等好肉，犹如一块上好羊肉对我们一样。

螳螂先从猎物的颈部下口。当一只劫持爪拦腰抓住猎获物时，另一只则按住后者的头，使脖颈上方断裂开来。于是，螳螂便把尖嘴从这失去护甲的地方插进去，锲而不舍地啃吃开来。猎物颈部裂开了大口。头部淋巴已遭破坏，蹬踢也就随之停止，猎物便成了一具没有知觉的尸体，螳螂因而可以自由选择，想吃哪儿就吃哪儿了。

如果我放进沙盆的是毒蜘蛛，螳螂只消把它们横着抓过来，就不用担心毒钩了。至于一般的昆虫，螳螂根本不必先摆出死神姿态把猎物吓呆，只等猎物上门抓住就可以了。

渐渐地，我用作观察对象的雌螳螂越来越多，每个沙盆里都住了好几只。为了避免这些脾气暴躁的家伙互相伤害，我给它们抓来数量充足的蝗虫，而且为了保证新鲜，每天要换两次食物。

开始的时候太平无事，但是随着雌螳螂肚子里的卵越来越成熟，交配和产卵季节到来了，它们的性情变得越发残忍反常，具有强烈的占有欲和忌妒心。沙盆里的雌螳螂开始互相挑衅，它们向自己的姐妹摆出死神姿势，恶狠狠地挥舞着镰刀。那是真正的搏斗，没有丝毫友爱之情，往往以悲惨的结局收场，胜者的嘴里躺着同胞残缺不全的尸体，简直惨不忍睹。

给这些性情大变的待孕妇寻找伴侣可不是件容易的事。在八月，雄螳螂十分难找，它们身材瘦小，吃得很少，但翅膀发达，一次能飞我走四五步远的距离。而雌螳螂因为肚子里的卵沉甸甸的，根本不飞跃，它们的翅膀似乎只在摆出死神姿势时才有用。最后，我终于把雌雄螳螂一对对安排好，让每一对都住在单独的沙盆里。

瘦弱的雄螳螂鼓起勇气，挺起胸，歪着脑袋，深情地凝望着未婚妻，久久不动。在得到默许的暗号后，它凑上前去，展开翅膀抖动起来，接下来是一个漫长而美好的婚礼。

然而，在交配完的当天，最晚在第二天，雌螳螂就像对待蝗虫一样把新郎官一口一口吃掉了。我又把第二只雄螳螂放了进去，雌螳螂休息片刻，欣然接受了第二任丈夫的求婚，同样在交配之后把它吃光了。

在两个星期里，我惊讶地看到一只雌螳螂竟然接受了七次求婚，吃掉了七个丈夫!

在为这些雄螳螂叹息的同时，我不禁好奇，如果它们是在田野里交配，是不是有足够的时间逃走，免于一死呢？很快，我在野外见到的令人震惊的一幕彻底打碎了这个善良的念头。那是一对正在交配的螳螂，雄螳螂紧紧抱着雌螳螂，尽职地履行着给卵子受精的义务，然而它的头、颈已经没有了，它的胸膛在雌螳螂扭过头的啃咬之下，也在一点点地消失。这残酷、血腥的场面令人难以置信，却又千真万确。

在看到螳螂卵囊之前，我以为雌螳螂的天性就是这样粗鲁、野蛮的，但它们那些精巧、安全的育儿室改变了我的看法。

在向阳的地方很容易找到螳螂卵囊，只要粗糙的表面能把卵囊粘住，像石头、树根、干草，甚至破布、旧皮鞋开裂的皮面，都可以成为螳螂的产卵地点。

九月初的一天傍晚，我饲养的一只雌螳螂终于决定产卵了。它并没选择我精心准备的石块和干百里香，而是看上了坚硬的铁丝网，它觉得铁丝网比常见的粗糙表面支撑性更好，更容易把卵囊牢牢地固定住。

它爬上铁丝网罩子的顶部，身体倒挂着，腹部末端张开一道裂缝，从中排出了一种黏糊糊的物质。那道裂缝不停地一张一合，流出的黏液经过挤压、拍打、接触空气后，膨胀成了一团团包裹着气体的泡沫，就像我们搅打鸡蛋清一样。雌螳螂一边制造泡沫，一边产卵，它的腹部从左到右地摆动，每铺一层泡沫，就在其中产下一层卵，就这样层层叠加，留下了一条条横向的纹路。两分钟后，泡沫渐渐凝固了，变得越来越坚硬。

新造好的螳螂卵囊长四厘米、宽两厘米，一端尖、一端圆，颜色像麦子一样金黄。卵囊的中间部分是并列的两行，像瓦片一样层层相叠，每排瓦片的边沿都有细小的裂缝，这就是门。将来孵化的小螳螂要从门里钻出来，左边的小螳螂出左门，右边的小螳螂出右门。在每一层育儿室里，都沉睡着裹着淡黄色外壳的螳螂卵，它们头朝门口沿着圆圈排列。卵囊的其他部分则是密封的墙，墙体是坚固的泡沫体，既可以保温，又可以抵挡冬天的风雪。

螳螂卵囊刚造好的时候，出口处还覆盖着一层薄薄的东西，就像刷了层白油漆，这是由雌螳螂腹部最后一点干净、细腻的泡沫形成的。这层白漆很容易破碎，要等它脱落后，才能看到出口的裂缝。在筑卵囊的时候，雌螳螂一次也没回头看过，却像个建筑大师一样安排好每一层的育儿室，把孩子放进去，同时垒起保温性能绝佳的墙、留出大门，最后还要刷一层白漆，没要任何帮助就完成了这个完美的建筑。

我钦佩地看着雌螳螂，盼着它能转过身，欣赏一下自己的杰作，对自己的孩子流露些许温情。再次让我震惊的是，雌螳螂一产完卵，就冷漠地离开了，甚至有几只蝗虫靠近螳螂卵囊它也没加理会，完全忘了里面睡着自己的四百多个孩子，真是个铁石心肠的妈妈啊！

螳螂卵囊在普罗旺斯的乡下非常出名，农民们都叫它“梯格诺”。在这些淳朴的乡人眼里，“梯格诺”是治疗冻疮的特效药，据说只要把螳螂卵囊剖开、压出汁液，抹在患处就能治愈。在接下来的冬天，我给自己和家人试用之后发现毫无疗效，冻伤的地方还是又肿又痒。此外，妇女们还喜欢在月光皎洁的夜晚外出收集“梯格诺”，把它们小心地缝在衣兜里。邻居有人牙疼的时候，就会跑来跟她们借：“我疼得脸都肿了，快借我一点治牙疼的‘梯格诺’吧。”这时善良的妇女会立刻拆开缝线，一边递上“梯格诺”，一边叮嘱道：“这是最后一个，千万别弄丢了，最近可没有那么好的月色啦。”

别看“梯格诺”这么大名鼎鼎，当我告诉农民们这就是螳螂卵囊的时候，大家都惊讶极了。

尽管被当作灵丹妙药收走了很多，田野里仍有大量的螳螂卵顺利地度过严冬，迎来了温暖宜人的季节。

六月中旬的上午，阳光明媚，螳螂卵的孵化时刻到了。首先，在每个门口的鳞片下，露出一个半透明的小块，后面有两个大黑点，那就是眼睛。新生的幼虫与其说像螳螂，不如说更像一条小船，缓缓滑动着向外钻。它有一个胖脑袋，身体黄中透红，嘴贴在胸前，腿贴在腹部，这是螳螂的初态幼虫。它在刚孵化时穿着比较圆润的外套，这样才能方便地钻出育儿室，而不碰伤纤细的腰、腿和触须。

初态幼虫的头部逐渐胀大，里面充满了液体，成了一个颤颤巍巍的水泡。幼虫不停地一伸一缩，每扭动一下，水泡都变大一些。最后，它的头使劲儿弯向胸口，外套从胸前裂开了，于是它更加努力地弯曲、伸直、扭动。终于，腿挣脱出来了。长长的触须也获得了解放，一只真正的小螳螂出现了。刚脱掉的外套就像一根细带子，被风吹得乱晃。

第一只小螳螂的孵化吹响了育儿室的起床号，每一层的卵纷纷醒来，通道里变得热闹极了，大门处渐渐挤满了穿着外套的幼虫，它们争先恐后地往外钻。可是，就在螳螂窝边，有一些家伙早已垂涎三尺，等不及美餐一顿了。

首先冲上去的是蚂蚁，它们没法儿咬破坚固的螳螂卵囊，所以提前几天就埋伏在大门外，穿着外套的幼虫一露头，立刻就被蚂蚁揪住，撕掉外衣咬成碎块。幸运的是，成功脱掉外套的小螳螂越来越多，它们只要逃过蚂蚁，多接触一会儿空气就能变强壮。这些小家伙举起前臂自卫，骄傲地穿过蚁群，不用躲躲闪闪，反而能把蚂蚁撞到一边。它们爬上旁边的树叶，或者掉在草地上，打算探索新世界，完全没想到还有更厉害的敌人窥视着自己。

从矮墙上爬下来一只小灰蜥蜴，它飞快地弹动舌尖，轻轻松松就把逃出蚁群四处游荡的小螳螂舔进了肚子。每舔一口，它都眯起眼睛品尝着鲜嫩的味道，显得十分满意。

除此之外，有些小螳螂甚至没机会见到阳光，就成了别人的猎物。有一种小蜂科的昆虫，它利用尾巴上的尖刺把卵产在坚固的螳螂卵囊里，孵化的幼虫就以螳螂卵为食，直到把整个卵囊都吃空。这样的暴行在昆虫中毫不稀奇，所以，螳螂在一个卵囊里产几百个卵并不多，也许还有点少。为什么雌螳螂不产更多的卵，让繁衍后代变得容易些呢？

我在我的荒石园里漫步思索，一棵樱桃树吸引了我的视线，它在池塘畔舒枝展叶，春天繁花如雪，现在则挂满了鲜艳欲滴的红樱桃：成群的麻雀叽叽喳喳地坐在树枝上大吃特吃；胡蜂咬破薄薄的果皮，小口吮吸着甜汁；花金龟美滋滋地吃饱睡熟了；小飞蝇醉倒在流淌着果浆的饭桌上……樱桃核掉在树下，一直眼巴巴看着的地面居民们立刻行动起来，蚂蚁、蛞蝓把果核上的残肉一点点啃净，田鼠们忙着把光溜溜的果核搬回洞里储存，冬天它们会咬开硬壳，吃里面的果仁。

这棵茂盛的樱桃树每年结果无数，却没有长出遍地的小樱桃苗，周围许许多多的小动物都靠樱桃果实养活，而这些动物最终将化为养料，回归到树根深处的土壤里，进入生命的轮回：春天，肥沃的土壤滋养着樱桃树，树下的草坪也会格外青翠，蝗虫咀嚼鲜美的草叶，螳螂在后大刀一挥，蚂蚁们分享完螳螂幼虫，转眼又进了母鸡的肚子，至于这些母鸡，不久就会躺在盘子里被端上人们的餐桌。

原来，螳螂那些密密麻麻的小卵，只有很少一部分用来繁衍后代，其他都将进入大自然的食物链，为了开始而结束，为了新生而死亡。也许，在我思考的时候，燃烧的就是小螳螂流入我血管里的能量，并且迸发出思想的火花。

（本篇选自原著第五卷）

注释：

①“修女袍”：系拉丁文直译名，因其长长的膜翅似修女长袍而得名。法国昆虫学界也以此名冠以这种昆虫。

②二十苏：法国原辅币名，一法郎等于二十苏。

天　牛

年轻时，我曾经面对著名的肯迪拉克的雕像顶礼膜拜。肯迪拉克认为天牛具有很强的嗅觉，它嗅着一朵玫瑰花，然后仅仅依靠所闻到的香气，便能产生各种各样的念头。对于这种推理，我曾经深信不疑了整整二十来年，对这位富有哲学思想的教士的神奇说教佩服得五体投地。我以为，只要嗅一下这个伟人的雕塑他就会活过来，能使我增强视觉、记忆、判断等方面的能力。然而，经我的良师们——昆虫们的耐心教导，我抛弃了这种幻想。昆虫们所提出的问题比起教士的说教来，更加深奥，更加使我受益匪浅。天牛将要告诉我的就是这种颇有教益的知识。

冬天即将来临，天老是灰蒙蒙的，这是冬日的明显前兆。我开始储备树段、木头，以备过冬取暖之用。我还向樵夫们订购了一些被蛀虫蛀得千疮百孔的朽木树段。樵夫们以为我是个傻子，暗地里嘲讽我。我当然知道好木头更经烧，但我自有用处，他们也就按照我的要求去做了。

我有了一些满是虫眼儿的树干，有的是一条条伤痕，有的是一道道深沟，树枝被咬烂，树干遭啃噬。我观察到，在干燥的沟痕里，各种要过冬的昆虫都已经做好了宿营的准备。吉丁已经准备好了扁平的长廊；壁蜂用嚼碎的树叶在长廊里为自己修建好了房屋；切叶蜂在前厅和蛹室里用树叶做好了睡袋；我在这一章中要介绍的天牛正在多汁的树干里休憩着，它可是毁坏橡树的罪魁祸首。

天牛的幼虫非常奇特，它们就像是一段蠕动着的小肠子。每年仲秋时节，我都能看到两种年龄段的天牛幼虫：年长些的幼虫有一根手指头那么粗；年幼些的幼虫则粗如粉笔。此外，我也见到过颜色深浅各不相同的天牛蛹，以及一些完全成形了的天牛。它们的腹部都是鼓鼓的。待到春暖花开、天气暖融融的时候，它们就会爬出树干。它们在树干里大约要生活三年时间。天牛是怎么度过这漫长、孤独的囚徒似的生活的呢？它们缓慢地在粗壮的橡树干内爬行，在挖掘通道，以挖掘出来的东西充饥。天牛的上颚如同木匠的半圆凿，黑乎乎的，短短的，但却非常坚硬有力，虽无锯齿，但却像是一把边缘锋利的汤勺，是天牛用来挖掘通道的有力工具。被凿出来的木屑，经幼虫消化之后被排泄出来，堆积在其身后，留下一条被啃噬过的深痕。幼虫一边挖掘通道，一边进食。随着工程的进展，道路开通了；随着残渣不断地阻断了后路，幼虫在不断地向前。就这样，幼虫既获得了食物，又得到了安身之所。

天牛幼虫将肌体的全部力量都集中到身体的前半部，使之成为杵头状，这样，两片半圆凿形的上颚便可顺利地进行工作。上颚既然充当挖掘的工具，就必须有很强的支撑力和强劲的力量。天牛幼虫便用围绕其嘴边的黑色角质盔甲来加固它那半圆凿形的上颚。除了这硬硬的上颚以外，其身体的其他部位的皮肤是非常细腻的，而且白如象牙。天牛幼虫皮肤之所以如此细腻与洁白，全都是其体内所含的丰富脂肪导致的。确实也是，幼虫每天唯一要做的事，就是不停地啃噬，不断地进入幼虫胃里的木屑给它补充着营养。

幼虫的足分三个部分：第一部分呈圆球状，最后一部分为细针状，这两部分都是退化了的器官。它的足长只有一毫米，对爬行并不起什么作用，因为身体肥胖，它的足够不着支撑面，连支撑身体都不能够，又怎么可以爬行呢？幼虫用来爬行的器官属于另一种类型。它既可以仰面爬行，也可以腹部冲下爬行，非常灵活自如。它用爬行器官取代了胸部那软弱无力的足。

这种爬行器官与众不同，长在背部。

天牛幼虫有七个环节，上下长着一个满是乳突的四边形平面。这些乳突可使幼虫随心所欲地膨胀、突出、下陷、摊平。上面的四边形平面又一分为二，从背部的血管分开来；下面的四边形平面则看不出有两个部分。这就是天牛幼虫的爬行器官。如果幼虫想要往前，它便先把后部的步带鼓起来，也就是说，把背部和腹部的步带鼓起来，压缩前半部的步带。由于表面很粗糙，后面的几个步带便把身体固定在狭窄的通道壁上，以得到支撑。在压缩前面的几个步带的同时，它尽量地把身子伸长开来，缩小身体的直径，使自己能够向前滑动，爬行半步。当它走完一步时，它还要在身体伸长之后，把后半部身子拖上前来。为此，幼虫必须让前部步带鼓胀起来，作为支点，同时，又让后部步带放松，让体节自由收缩。

幼虫凭借背部与腹部的双重支撑，交替收缩和放松身体，能够在自己所开凿的隧道里进退自如。但是，假如上方和下方的行走步带只能动用一个时，那么幼虫就无法前进了。假如把幼虫放在表面光滑的桌面上，它便会慢慢地弯起身子，动弹个不停，一会儿伸长身子，一会儿收缩身子，总也无法向前爬去。等你把它放到有裂痕的橡树干上时，它便神气起来，因为橡树皮很粗糙，凹凸不平，像被撕裂开似的，它可以在上面从左往右、从右往左地缓缓地扭动身子的前半部，抬起、放低，一再重复这一动作。这是幼虫最大的行动幅度。幼虫那已经退化了的足一直都没有动，一点作用也起不了。如果说这些残肢废足作为成年天牛的前身而存在的话，成虫那敏锐的眼睛在幼虫身上却未见丝毫雏形。在幼虫身上，看不到任何微弱的视觉器官的痕迹存在。幼虫生活在树干内，黑黢黢的一片，视力又有何用？与此同时，幼虫也没有听觉。在橡树树干那黑暗的深处，没有任何声响，与视觉一样，听觉自然也失去了作用。如果谁对此心存疑惑，我们不妨来做一个实验，以便释疑解惑。我把树干剖开，留下半截通道，便可以跟踪监视在树干里面正在劳作的居民。环境十分安静，幼虫忽而挖掘前方的长廊，忽而停下活计，歇息一会儿。休息的时候，它便用步带将身子固定在通道的两侧壁上。我趁它休息之机，想测试一下它对声音的反应。我先用硬物互相敲击，继而用金属击打发出回响，最后改用锉刀锉锯子，但是却未见到天牛幼虫有什么反应。它对这种种声响无动于衷，既不见它的皮肤有任何的颤动，也不见它有何警觉的表现，即使我用尖尖的硬物刮擦它身旁的树干，模仿幼虫啃噬树干发出的声音，也都不能奏效。这就足以证明天牛幼虫毫无听觉。

那么，天牛幼虫是否有嗅觉能力呢？各种情况都在表明它不具有嗅觉能力。嗅觉只是作为寻找食物的辅助功能，但天牛幼虫却用不着费心劳神地去寻找食物。它的住所就是它的食物，它所栖身的木头就在向它提供活命的东西。另外，我也对此做过实验。我找了一段柏树，把树干挖了一条沟痕，直径与天牛幼虫所挖掘的长廊的直径一样，然后，我就把幼虫置于其中。柏树的气味浓重，具有大多数针叶植物所具有的那种很浓烈的树脂味。当我把幼虫放到那条沟痕里去的时候，它便很迅速地爬到了通道的尽头，然后就一动不动了。它的这种静止不动不正是它没有嗅觉能力的证明吗？天牛幼虫长期生活在橡树干里，树脂这种独特的气味应该引起它的不适或厌恶的，它本应通过身体的颤动或逃跑的企图来表现自己的厌恶之感的，但是，它却并没有做出这种反应来。它在找到合适的位置时，便立刻停下脚步，待着歇息，一动不动了。然而，我又做了另外一个实验。我把一小包樟脑放在长廊里，离天牛幼虫很近，仍然未见它有什么反应。然后，我又用萘①做了同样的实验，结果依然相同。做了这么多实验之后，我觉得天牛幼虫没有嗅觉能力是毋庸置疑的了。

当然，它肯定是有味觉的，只是这种味觉应该是“残缺不全”的。天牛幼虫在橡树树干中一直生活了三年，其食物很单一，就是橡树木纤维，别无其他。那么，幼虫对这唯一的食物又会有什么评价呢？顶多也就是吃到新鲜多汁的橡树干时会觉得很鲜美，而吃到干燥无汁的树干时便觉得没太大滋味罢了。

剩下的就是它的触觉了。它的触觉点分布得很散，而且是被动的。任何有生命的肉体都具有触觉，一旦被尖刺儿刺着，就会觉得疼痛，就会抽搐、扭曲。总之，天牛幼虫的感觉只有味觉与触觉，而且还都非常迟钝。

我不禁在想，既然如此，那么天牛幼虫这种消化功能很强但感觉功能却极弱的昆虫，其心理状态又是由什么构成的呢？触觉与味觉会给那些已经退化了的感觉器官带来些什么呢？很少，几乎什么也没有。天牛幼虫只知道，好的木头有一种收敛性的味道，未经精心刨光的通道壁会刺痛皮肤，仅此而已。这就是天牛幼虫的智力所能达到的最大程度。而肯迪拉克却错误地认为，天牛具有很好的嗅觉，这是科学的一个奇迹，一颗灿烂的宝石。它可以回想往事，可以比较、判断，甚至推理。可是，现实中，这个几乎似睡非睡、似醒非醒的大腹便便的昆虫，它真的会回忆、会比较、会推理吗？我就认为天牛幼虫犹如一截会爬行的小肠而已，我觉得我的这一比喻十分贴切，天牛幼虫的全部感觉能力，就是一截小肠所能拥有的能力罢了。

不过，也别小看了这个小家伙，它虽然对自己现在的情况昏昏然，但却能预知未来，具有神奇的预测能力。对我的这一奇怪的观点，请读者允许我慢慢地道来。在整整三年的时间里，天牛幼虫在橡树干里过着流浪的生活。它爬上爬下，忽而在这里，忽而又在那里；为了另一处的美味，它会放弃眼下正在啃噬的木块，不过它始终不会远离树干深处，因为这儿温度适宜，环境幽静而安全。当危险的日子来临时，它将被迫离开隐蔽所，去面对外界的种种危险。光吃还不够，它还得离开自己的生活之地。天牛幼虫有着精良的挖掘工具和强健的身体，钻入另一处去躲灾避祸，对它来说并不犯难。但是，未来的成虫天牛，将去外界度过它那短暂的时光，那么，它是否具有这样的能力呢？在橡树干内那幽暗的环境中诞生的长角昆虫，它知道替自己挖掘一条逃离的通道吗？

这就必须依靠天牛幼虫凭借自己的直觉去解决这一难题了。我又做了点实验，以弄清这一问题。在实验中，我发现，成年天牛若想利用幼虫挖掘的通道从树干深处逃逸，是不可能的事。天牛幼虫的通道犹如一座迷宫，十分复杂，非常长，不见尽头，而且还堆满了坚硬的障碍物，另外，其直径又从尾部往前逐渐地缩小。幼虫钻入橡树干时，它只有一段麦秸那么长那么细，而此刻它已变得如手指头一般粗细了。它在树干里三年的挖掘工作，始终是根据自己的身体大小进行挖掘的。结果不言自明，幼虫钻入树干的通道和行动路线对于成年天牛的离去已经起不了作用了。成年天牛触角很长，足也不短，而且其甲壳也无法折叠，原先的那条通道对它来说已经是一个无法逾越的障碍了；它若想以这通道为逃逸之路，就必须清除掉坑道内的障碍物，并且还要大大地拓宽通道。这么一来，倒不如另辟蹊径，挖掘一条新的通道来得便当一些。但是，成年天牛有这种能力吗？我们不妨做一个实验来观察一番。

我把一段橡树干一劈两半，并在其中挖掘出一些适合成年天牛的洞穴。在每一个洞穴中，我都放了一只刚刚变态了的成年天牛。这些天牛是我十月份从冬储木柴中发现的。

然后，我便把两半树干用铁丝紧紧地捆在一起。六月已经来到，只听见树干里传出来敲击的声音。它们能够出来吗？它们是不是没法从里面逃出来呀？我原以为从里面逃出来，对它们来说易如反掌，因为它们只要钻一个两厘米长的通道便可逃生了。可是，竟然未见一只天牛从树干里跑出来。等到树干里面听不见一点动静时，我颇觉蹊跷，便把捆着的树干松开，却发现里面的俘虏们全都死了。洞穴里只有一小撮木屑，还不足抽了一口烟的烟灰量。这就是它们的全部劳动成果。

我对成年天牛的上颚估计过高，以为它是无坚不摧的利器，但是，好工具并不一定就能造就一名好工匠。尽管良好的挖掘工具在握，但长期隐居者缺少技艺，只好在洞穴里等死。然后，我又找了一些成年天牛，对它们进行温和点的实验。我把它们拘于直径与天牛的天然通道的直径相同的芦苇管里。我找了一块天然隔膜作为障碍物，这隔膜很薄，只有三四毫米厚，一捅就破。经实验发现，有一些天牛能够从芦苇管里逃生，有一些则死于其中。这就说明，遇到障碍，勇往直前者胜。一个隔膜这么小的障碍都闯不过去，待在坚硬的橡树干里岂不必死无疑？

从这些实验的结果来看，我相信，天牛成虫徒有其表，外强中干，靠自己的力量竟然无力逃离树干监牢。劈开逃生门，还得仰仗貌不惊人的肠子状的天牛幼虫的智慧。这种情况告诉我们，幼虫天牛在以另一种方式再现卵蜂的壮举。卵蜂的蛹身上带有钻头，为以后那长翅无能的成虫挖掘通道。天牛幼虫不知是被何种神秘预感所驱动，离开其安然宁静的隐蔽所，离开其无法攻破的城堡，爬向橡树表面，不顾其正在寻找美味多汁的昆虫的天敌对它的威胁。幼虫就这么冒着生命危险，勇敢无畏地挖掘着通道，一直挖到橡树表层，只留下一层薄薄的阻隔作为窗帘，遮挡自己。有些冒失的幼虫，甚至把这块窗帘捅破，干脆留出了一个洞口。这儿就是天牛成虫的出口，它只需用上颚和额角轻轻地一触，就能把窗帘捅破，得以逃生。刚才已经说了，有的幼虫连窗帘也不留，干脆就留出了一个洞口，天牛成虫无须劳作，便可直接逃离。每到春暖花开，天气转暖时，身披古怪羽饰、笨手笨脚的成虫便从黑暗中出来了。

天牛幼虫在把逃生之路准备完毕之后，又开始忙乎起眼前的活计来。挖好逃生通道，它就退回到长廊中不太深的地方，在出口一侧，凿了一个蛹室。这间蛹室陈设豪华，壁垒森严，前所未见。蛹室为一扁椭圆形的宽敞的窝，长有近百毫米，扁椭圆结构的两条中轴长度不同，横向轴长二十五到三十毫米，纵向轴则只有十五毫米。这么大的空间，比成虫的体积要大，使成虫的足部可以自由伸展。当打破壁垒，逃出牢笼的时刻到来的时候，这样的蛹室是不会让天牛成虫感到有任何不便的。

这儿所说的壁垒，是指蛹室的封顶，那是天牛幼虫为了防御外敌入侵而建造的。封顶有两层或三层。外层由木屑构成，那是天牛幼虫挖掘树干时留下的残留物；里面的一层是一个矿物质的白色封盖，呈凹半月形。通常，在最内侧还有一层木屑壁垒与前两层连在一起。有了这种多层壁垒的保护，天牛幼虫便可在房间里踏踏实实地为变成蛹做准备工作了。天牛幼虫从房间壁上锉下来一条一条的木屑，这便是细条纹木质纤维的呢绒。天牛幼虫又把这些呢绒贴回到房间四周的墙壁上去，铺成壁毯，厚度几近一毫米。这就是天牛幼虫在自己蛹室墙壁上挂上的精细双面绒挂毯。我们不难看出，天牛幼虫为了变成蛹，在不停地劳作，做了精心的准备。

我们再来看看这房间布置得最奇特的那个部分——那层堵住入口的矿物质封盖。这个封盖是个椭圆形帽状封盖，呈白石灰色，系坚硬的含钙物质，内部十分光滑，外面呈颗粒状突起，犹如橡栗的外壳。这种颗粒状突起表明，这层封盖是天牛幼虫用糊状物一口一口地筑成的。封盖外部由于无法触碰到，幼虫无法加以修饰，因而凝固成了细小的突起。而内侧的那一面在天牛幼虫力所能及的范围内，所以被抹得光滑平整。这种封盖像钙一样，既坚硬又容易破碎。不用加热，它就能溶于硝酸，并且立即释放出气体来。不过，溶解过程比较缓慢，一小块封盖往往需要几小时的时间才能逐渐地溶化掉。溶化之后，剩下一些泛黄的沉淀物质，看上去是有机物。如果对封盖进行加热，它就会变黑，足见其中含有可以凝结矿物的有机物。如果在溶液中加入草酸铵，溶液会变得浑浊，并留下白色沉淀。这种情况说明，其中含有碳酸钙。我原想从中发现一些尿酸铵的成分，因为在昆虫变成蛹的过程中，常见有尿酸铵存在，可是，我在封盖的溶液里，并未发现有尿酸铵。因此，我可以认为，封盖仅仅是由碳酸钙和有机凝合剂构成的，这种有机物大概是蛋白质，使钙体变得十分坚硬。

我相信，天牛幼虫的胃部是分泌这些石灰质物质的器官，而这一能乳化的生理器官为它提供了钙质。胃从食物里把钙分离出来，或者直接得到钙，或者通过与草酸铵的化学反应来获得。在幼虫期结束时，它便将所有的异物从钙中剔除，并将钙保存下来，留作构筑壁垒之用。这一点并不令人惊讶，某些芫菁科昆虫，如西塔利芫菁，通过化学反应能在体内产生尿酸铵；飞蝗泥蜂、长腹蜂、土蜂等，就是在自己体内生产茧所需要的生漆的。

通道修筑完工，房间粉刷装饰完毕，用三重壁垒封好之后，灵巧而勤劳的天牛幼虫便完成了自己的使命，挖掘工具也完成了其历史使命，它便进入了蛹期。襁褓状态之下的蛹十分虚弱，躺在柔软的睡垫上，头始终冲着门的方向。这一点看似无关紧要，实际上却至关重要。天牛幼虫身子柔软，伸缩翻转，随心所欲，因此，在这间小房间里，头无论朝向何方，都无伤大雅。可是，从蛹中出来的天牛成虫却没有随心所欲地翻来倒去的自由，它浑身披挂着坚硬的角质盔甲，无法在小房间内将身体从一个方向转向另一个方向，甚至因房间太狭小，连弯曲一下身子都办不到。所以，它的头必须始终冲着出口，否则便会在自己所建造的囚室里等死。

不过，不必担心有这种意外发生，因为这节小肠素来知晓未雨绸缪，早就为将来做好了准备，不会出此差错，它是头朝里地进入蛹期的。到了该出洞的时节，向往光明的天牛的面前没有太大的障碍，只不过有一些细碎的木屑，它扒拉几下便可以清理掉。然后，便是那层石质封盖，它也用不着费心费力地去把它打碎，只要用其坚硬的前额这么一顶，或者用足这么一推，封盖便会整体松动，从框框里脱落。我发现，被弃置的封盖全都完好无损。最后就是那第二层壁垒了，是木屑构成的，这就更不在话下，比第一层更加容易清除。这么一来，通道畅通，天牛成虫只要沿着通道便可准确地爬到出口。如果窗帘没有掀开，它只需用牙一咬，那薄薄的窗帘也就破了，这对它来说，易如反掌。它终于走出了黑暗，见到了光明，长长的触须激动得不停地颤抖着。

（本篇选自原著第四卷）

注释：

①萘（nài）：无色有特殊气味的晶体，可以驱虫。常用于制造卫生球、香料等。因为萘有毒性，现在卫生球已禁止使用萘作为成分。

小小实验室：

天牛是树林里极易寻得的昆虫，法布尔曾为了证明天牛的幼虫没有嗅觉而做了几个实验，你不妨也找一包樟脑（当然，要经过家长的允许）或者其他“有味道”的东西，去验证下法布尔的结论吧！

萤火虫

在我们这个地区，萤火虫可谓无人不知，无人不晓，没有什么昆虫像它那么家喻户晓的了。这个人见人爱的小东西，为了表达生活的欢乐，竟然在屁股上面挂了一只小小的灯笼。炎热的夏夜里，没有人没见过它的。

古代希腊人把它称为“朗皮里斯”，意为“屁股上挂灯笼者”；法语中则称它为“发光的蠕虫”。其实，萤火虫绝对不是什么蠕虫，即使是从外表上来看，它也不像蠕虫。它有六只短小的脚，而且十分明白如何使用自己的脚。它是可以用小碎步奔跑的昆虫。雄性萤火虫发育完全后，如同真正的甲虫一样，长着鞘翅。但雌性萤火虫却无此造化，享受不到飞翔的快乐，终身保持着幼虫的形态。不过，雄性萤火虫在尚未到达交尾期之前，形态也是不完全的。即使如此，称它为“蠕虫”也是不恰当的。法国有句通俗语，叫“像蠕虫一样一丝不挂”，用以形容身上未穿任何保护性的衣物。但是，萤火虫可是穿着衣服的，就是说它有略为坚韧的外皮，而且它还有斑斓的色彩，身体呈棕色，胸部呈粉红色，环形服饰的边缘还点缀着两个红红的小斑点。这哪像蠕虫呢?

我们先来看看萤火虫以什么为生吧。萤火虫看上去既小又弱，像是与他人无害，可它却是个最小的食肉动物，是猎取野味的高手，而且，捕猎时还相当狠毒。它的猎物通常是蜗牛。昆虫学家们早已知道萤火虫的这一习性。但是，我从他们书中的介绍中，总感到人们对这一点了解得很不充分，特别是对萤火虫的奇怪的攻击方法，几乎一无所知。

萤火虫在啃噬猎物之前，先对它施以麻醉，使之失去知觉。它的猎物通常是很小的蜗牛，个头儿还没有樱桃大，是处于变形状态的蜗牛。夏日里，这种蜗牛一大群一大群地聚集在稻子和麦子的茎秆上，或者其他植物干枯的长茎上，在上面一动不动地待上整整一个炎热的夏季。正是在这种时候，在猎物处于这种状态中，我不止一次地观察到萤火虫对猎物发动攻击，对之施以灵巧的外科麻醉手术，使猎物在颤动着的茎秆上昏死过去，然后，对之下口，美餐一顿。

萤火虫对其猎物的其他藏身处所也了如指掌。它经常飞到沟渠旁边，因为那儿土地潮湿，杂草丛生，是蜗牛喜爱的栖身之所。在这种情况之下，萤火虫便在地上对蜗牛施以麻醉术。我在家中也饲养了一些萤火虫，它们很容易被捕捉到，也很容易喂养，因此，我可以仔细地观察研究这些外科医生做手术的详细过程。

我在一个大玻璃瓶里放上一些草，把捉到的几只萤火虫和几只蜗牛也放了进去。蜗牛个头儿正合适，不大不小，正在等待变形，正符合萤火虫的口味。我寸步不离地监视着玻璃瓶中的情况，因为萤火虫攻击猎物是瞬间的事情，不高度集中精力，必然会错过观察的机会。

我终于发现是怎么个情况了。萤火虫稍微探了探捕猎对象。蜗牛通常全身藏于壳内，只有外套膜的软肉露出一点点在壳的外面。萤火虫见状，便立刻打开它那极其简单、用放大镜才能看到的工具。这是两片呈钩状的颚，锋利无比，细若发丝。用显微镜观察之，可见弯钩上有一道细细的小槽沟。这就是它的工具。它用它的这种外科手术器械不停地轻轻击打蜗牛的外膜，其动作不像是在施以手术，而像是在与猎物亲吻。用孩子们的话来说，它像是在与蜗牛“拉钩”。它在“拉钩”时，有条不紊，慢条斯理，不慌不忙，每拉一次，都要稍事休息片刻，似乎是在观察“拉钩”的效果如何。它“拉钩”的次数并不多，顶多五六次，就足以把猎物制服，使之动弹不得。然后，它就要动嘴进食了，它很可能也要用弯钩去啄，因为我几次都未观察清楚，所以对这一点我也说不太准。总之，萤火虫在施行麻醉手术时，动作麻利，立竿见影，快如闪电，不用问，它已经利用带细槽的弯钩把毒液注入蜗牛体内，使之昏死过去。

我检查了一下猎物。在萤火虫与蜗牛拉了四五下钩之后，我便立即从它口中夺下它的猎物，用针尖刺蜗牛的前部，亦即缩在壳内的蜗牛所暴露在外的身体。我没看到它有任何反应，仿佛一具没了生气的尸体。

我还发现一个令我信服的例子。有一次，我幸运地看到一只蜗牛正在爬行，其足正在蠕动着，突然，萤火虫向它发动了袭击。蜗牛十分惊慌，乱动了几下，然后便一动不动了。它的脚不再爬行，身体的前部也失去了如同天鹅脖颈那种优美的弯曲状，触角软软地耷拉下来，如同一根折断了的手杖。它一直保持着这种状态。

蜗牛是否真的被蜇死了呢？没有，根本没有。我可以让这只表面上看似已死的蜗牛活过来。我把这位处于半死不活状态下的病人隔离开来，给它洗了个澡，尽管这对于取得实验的成功并非绝对必要。

两天过后,这只被萤火虫施以麻醉术的蜗牛终于复活了,它又能动弹了,又有了感觉了。我用针尖刺它，它有反应，它开始蠕动，爬行，伸出触角，仿佛什么危险都没有发生过，像个没事人似的。那种昏昏沉沉、如死一般的全麻状态已经消失，它苏醒过来了。

对于蜗牛这样一个与世无争、平和温顺的对手，萤火虫又何必要先对之施以麻醉术呢？这使我想起了另一种昆虫，名叫德里尔虫，生活在阿尔及利亚。这种昆虫虽说不会发光，但其身体结构，尤其是在习性方面，与我国的萤火虫颇为相似。德里尔虫以陆生软体动物为食，它所捕食的是一种圆口类的动物。这种动物有着美丽雅致的陀螺形外壳。一块结实的肌肉把一个石质封盖固定在这种圆口类动物身上。这个石质封盖把甲壳闭合得严严实实。这个封盖是个活动的门。居于甲壳内的隐居者只需缩回身子，封盖便立即盖上。当隐居者想要外出时，此门也很容易打开。德里尔虫被黏附器（我们下面将会看到萤火虫也具有这种同等器具）固定在蜗牛的甲壳表面，耐心地等待着、窥伺着，等着甲壳里面的蜗牛憋不住，露出身子，便立刻冲到门边，把门挡住，使门关不上，自己则进入门内，占领了这个城堡。我并没有经常见到这种德里尔虫，但我认为，它的进攻策略与我们的萤火虫颇为相似。它钻进甲壳内，身子扭动几下，里面的隐居者就丧失了反抗的能力。

我们还是回过头来谈谈我们的萤火虫吧。如果蜗牛在地上爬行，甚至就龟缩在壳里，萤火虫袭击它是很容易的事，因为蜗牛的壳没有封盖，而且，蜗牛身体的前部暴露在壳外，因此它无法自卫，很容易被伤害。即使蜗牛待在高处，紧贴在一棵禾本植物的茎秆上，或者紧贴在一块光滑的石头上，袭击者无从下手，但是，只要这个外界的封盖稍有缝隙，它仍然难逃厄运。

萤火虫施以麻醉术时，它总是非常小心、轻手轻脚地对待它的猎物，不想引起对方的注意，免得它挣扎、乱动，从高处掉到地上。如果猎物掉到地上，萤火虫也就不会再想方设法地寻找它了，因为它只是依靠运气去捕捉落入口中的猎物，而不想费心劳神地去寻来找去。因此，萤火虫在发动袭击的时候，从不掉以轻心，总是小心谨慎地不让猎物感到疼痛，使其肌肉失去反应，否则猎物便会从高处掉下地来，到嘴的猎物便化为乌有了。由此不难看出，突然对猎物施以深度麻醉，一针见血，是它捕捉猎物的绝招。

萤火虫如何享用其猎物呢？它是不是真的在吃它？也就是说，它是不是把蜗牛切成细小的碎块，然后用自己的所谓的咀嚼器把它们嚼烂、咽到肚子里去？我看并非如此。我所捕捉到的萤火虫，嘴上从未发现有固体食物的碎渣细末什么的。萤火虫的所谓“吃”，并不是真正意义上的那种吃，而是吮吸，如同蛆虫那样，把猎物化为汁液，然后吸入肚里。与双翅目昆虫爱吃肉的幼虫一样，萤火虫也是先把猎物变为流质，对之进行液化处理、加工，然后食之。我把我所见到的萤火虫“吃食”的过程介绍如下：

萤火虫对蜗牛施行了麻醉。它几乎总是单独操作，即使是遇到一只个头很大的蜗牛，它也不找助手。在它施行完麻醉手术后，总会有宾客不请自来，两三位，四五位，甚至更多。众宾客来到餐桌前，与食物的真正主人并无纷争，毫不客气地尽情享用，不分彼此。两天后，主人与食客都离去了，我便把蜗牛壳口冲下翻倒过来，只见壳里的东西如同锅口朝下倒浓汤似的，全流了出来。主客吃饱喝足了之后，不屑一顾地把残羹剩饭撇下了。

事情很明显：我先前所说的“拉钩”之后，也就是萤火虫东一口西一口地轻轻拍击蜗牛之后，蜗牛昏死过去，然后，众宾客齐上阵，都在用特有的消化素对猎物进行加工，最后，蜗牛肉便变成蜗牛肉粥了，接着，大家便一起尽情享用，尽兴而去。这样看来，萤火虫嘴上的那两只弯钩外表上看去并无保护层，是其进攻猎物的利器，它刺入对方体内，注入麻醉药剂，并使对方的肉质液化，而这麻醉药剂很有可能就是萤火虫的体液。在放大镜下仔细地进行观察，可以很清楚地看到它的这种微型器械，可我觉得它们不像是钩子。它们的中心是空的，与蚁蛉的那对工具颇为相似；蚁蛉就依靠这种工具吸食猎物的肉，而并不把猎物肉切成小细块。不过，萤火虫又与蚁蛉的表现颇为不同：蚁蛉用餐完毕，会从沙地的漏斗状陷阱中抛出大量的丰盛食物；而萤火虫有液化装置，绝不糟蹋食物，或者说，几乎不糟蹋食物。二者掌握着类似的工具，但是，一个是用来吮吸猎物的血液，而另一个则采用液化设备，使食物变成流质，全部食之。

有时候，蜗牛所处的位置不太好，难以保持平衡，但是，萤火虫毕竟动作敏捷，不以为然，干净利落地就处理完了。我透过喂养着萤火虫的那个大口玻璃瓶，清楚地看到了全过程。大口瓶上盖着一块玻璃，蜗牛沿着玻璃瓶内壁往上爬，一直爬到瓶口边沿，停了下来，用少许黏液把壳体粘挂在那儿。它只是在那儿做短暂地停留，所以舍不得用太多的软体组织所生产出来的胶黏剂。这样一来，只要稍微震动一下瓶子，蜗牛壳口就会松脱，从粘连的地方摔到瓶底。

我看到瓶子里的那只萤火虫也在不断地往高处爬去，爬到蜗牛暂时停留的地方。它依靠某种攀缘器官沿着瓶子内壁爬着，这种攀缘器官弥补了萤火虫足爪此刻的功能缺陷。萤火虫已经来到了蜗牛的身旁，找到了一处可以下手的缝隙，便轻轻地拍击了几下躲在缝隙内的蜗牛，使之昏死过去，随即开动其液化装置，使蜗牛肉变为蜗牛肉汤，美美地吮吸起来。

当萤火虫吃饱喝足之后，蜗牛就剩下一个空壳了，肉没有了，汤也没有了。但是，这只空壳虽然只用了少许黏液粘在玻璃上，却并未开胶，仍然牢牢地粘在那里，没有丝毫的位移。壳中的那个隐居者没有挣扎，没有反抗，一点一点地从固态变成了液态，全都从萤火虫开始发起攻击的那个点上流了出来，流得干干净净，只剩下一个空壳了。由此，我们不难看出，萤火虫的麻醉手术之高超、快速，简直是迅雷不及掩耳，让对方防不胜防。而且，我们还可以看出，萤火虫吃蜗牛的手段之奇妙，让人叫绝，都没有让蜗牛空壳从极其光溜而又垂直的玻璃瓶内壁上掉落下来，甚至都没让只有些许胶粘着的空壳有丝毫的晃动、移位，这真是不可思议。

萤火虫要在玻璃上或草茎上攀爬，它又短又笨的爪子显然是无法承担这一重任的，必须拥有一种特殊的工具。这种特殊工具必须不怕光滑，能攀住无法抓住的物体。萤火虫确实拥有这种特殊工具。它的后腿末端有一个白色的点，用放大镜仔细观察，可以看到那上面约有十二个很短小的肉刺，它们有时收拢起来，缩成一团，有时却又伸展开来，好似玫瑰花瓣。这就是它的吸附并移动的器官。萤火虫想要把自己附着在某个地方，甚至是个极其光滑的表面上，比如固着在禾本植物的茎秆上，它就把这十二个短小的肉刺展开来，呈玫瑰花瓣状，就可以牢牢地铺展在所吸附的物体上了，用自己身体的黏性，把自己紧紧地贴附在支撑物上。这个特殊器官通过抬高和放低，张开和闭合，帮助萤火虫行走。总而言之，萤火虫可以说是一个双腿残疾者，它在自己的后腿上放上一朵漂亮的白色玫瑰花，一种没有关节、可向四下里活动的有十二个趾肢节的爪子，而这种管状的趾肢节，并非抓住而是黏附着物体。这个器官还有一个用途，它可以当作海绵和刷子来使用。萤火虫在进餐之后，便用这把刷子刷头、背、尾及两侧。它之所以把全身上下刷来刷去，是因为它的脊椎很柔韧，可以弯来弯去，哪儿都能够得着。萤火虫在对全身进行擦拭时，非常仔细，一处不漏，足见它对这种运动颇感兴趣，乐此不疲。它这样做的目的究竟是什么呢？很显然，它这是要擦去沾在身上的灰土或者蜗牛肉的残渣剩汤。

如果萤火虫只会像亲吻似的轻拍蜗牛，对它施以麻醉术，而没有其他什么本领的话，那它也就不会这么出名，这么家喻户晓了。它真正名扬四海的原因，是它能在尾部亮起一盏红灯。我们来特别仔细地观察一番雌性萤火虫吧。它在达到婚育年龄，在夏季酷热期间发出亮光的过程中，一直保持着幼虫状态。它的发光器在腹部的最后三节处。其中前两节的发光器呈宽带状，另外一个组群是最后一个体节的两个斑点。具有那两条宽带的只有发育成熟了的雌性萤火虫——未来的母亲用最绚丽的装束来打扮自己，点亮了这亮灿灿的宽带，以庆贺自己的婚礼，而在这之前，自刚孵化的时候起，它只有尾部的那个发光斑点，这种绚丽的彩灯显示着雌性萤火虫那惯常的身体变态。身体的变态使之长出翅膀，能够飞翔，从而宣告其生理演变过程的结束。这盏亮灿灿的灯点亮时，还标志着其交尾期即将来临。这之后，雌性萤火虫就没有翅膀了，不能再飞翔，一直保持着幼虫的可怜的卑屈形态，但是，它的那盏明灯却始终点亮着。

雄性萤火虫则有所不同，它得到了充分的发育，改变了形态，拥有鞘翅和翅膀。与雌性一样，从孵化时起，它的尾部就有这盏明灯。总之，萤火虫不管是雌性还是雄性，不管是处在发育时期的什么阶段，其尾部均可发光，这就是整个萤火虫大家族的一大特点。而且，这个发光点从背部或腹部都可以看见,但只有雌性萤火虫才有的那两条宽带,才在腹部下面发光。

我的手和眼仍然很听使唤，做起解剖来还算得心应手，因此，我便想解剖一下萤火虫的发光器官，以便彻底搞清楚其构造。我终于成功地把一根发光宽带的大部分剥离开来。我在显微镜下仔细地观察了这条宽带，发现其上有一种白色涂料，由极其细腻的黏性物质构成。这白色涂料显然就是萤火虫的光化物质。紧靠着这白色涂料，有一根奇异的气管——主干很短却很粗，下面长了不少的细枝，延伸至发光层上，甚至深入体内。

发光器受呼吸气管的支配，发光是氧化所导致的。白色涂层提供可氧化的物质，而长有许多细枝的粗气管则把空气分送到这物质上。现在，我很想搞清楚这个涂层的发光物质究竟为何物。起初，人们以为那是磷，还把它加以燃烧，以化验其元素，但是，据我所知，这种办法并没获得理想的效果。显然，磷并非萤火虫发光的原因，尽管人们有时把磷光称为萤光。这个问题的答案肯定不在这里，而是另有原因。

萤火虫能够随意地散布它的亮光吗？它能否随意地增强、减弱、熄灭其亮光？它怎么做到的呢？它有没有一个不透明的屏幕朝着光源，把光源或遮住或暴露呢？现在，我们对这个问题已很清楚，萤火虫并没有这样的器官,这样的器官对它来说是没有用的,它拥有更好的办法来控制它的明灯。若想增强光的亮度，遍布光化层的光管就会加大空气的流量；如果它把通气量减缓甚至停止供气，光度就变弱，甚至灯会熄灭。总之，这个机理犹如油灯的机理一样，其亮度是由空气进入灯芯的量来加以调节的。

遇到激动的情况，气管就运作起来，灯也就亮了。需要加以区别的是光带和尾灯这两种情况。其一，发光的是那漂亮的宽带，亦即已到婚育年龄的雌性萤火虫的独特饰物；其二，也就是那盏尾灯，萤火虫无论雌雄，无论长幼，都在其最后一个体节上点着一盏小灯。在这后一种情况下，由于突然的惊恐不安，萤火虫的情绪发生变化，这盏尾灯或完全地或近乎完全地熄灭。我在夜晚曾经捕捉过萤火虫，眼见那盏尾灯在草上发着亮光，可是，只要我稍不留神，碰着了那棵草，草一晃动，灯立即就熄灭了，我想要捕捉的这只昆虫也就不见了踪影。但是，发育完全的雌性萤火虫身上的宽光带，即使受到惊吓，也毫无影响，照样亮着。

我捉了几只雌性萤火虫，把它们关进笼子里，放到屋外，笼子旁边放了一把枪。我放了一枪，但枪声并未产生效果，宽带依旧在发光，与没有放枪前一样明亮。然后，我又用喷雾器把水雾喷洒到它们身上，它们身上的光带依然光亮闪闪，没有一盏灯熄灭，顶多也就是亮度上有短暂的减弱而已，而且也只是个别的雌性萤火虫这样，并不是每只都如此。我猛抽了一口烟斗，把烟吹进笼子里，光带的亮度倒是更加弱了，甚至灭了一会儿，但时间非常短暂。很快，萤火虫便平静下来，恢复了常态，灯又亮了起来，而且比先前还要明亮。这之后，我又用指头抓住它，把它翻过来掉过去地折腾，又轻轻地摆弄它，只要捏得不太重，它照旧在发光，亮度也保持不变。即将处于交尾期的萤火虫，对于自己的灯的光亮十分沾沾自喜，没有极其严重的情况发生，它们是不会把自己的灯完全熄灭掉的。

从各种实验的结果来看，极其明显的是，萤火虫是自己在控制着其身上的发光器，它可以随意地使之或亮或灭。不过，在某种情况之下，有无萤火虫的调节都无关紧要。我从其光化层上弄下来一块表皮，把它放进玻璃管里，用湿棉花把管口堵住，免得表皮过快地蒸发干了。只见这块表皮仍在发光，只不过其亮度不如在萤火虫身上那么强而已。在这种情况下，有无生命并不要紧。氧化物质，亦即发光层，是与其周围空气直接接触的，无须通过气管输入氧气，它就像真正的化学磷一样，与空气接触就会发光。

还应该指出的是，这层表皮在含有空气的水中所发出的亮光，与在空气中所发出的亮光的强弱一样。不过，如果把水煮开，沸腾，没了空气，那么，表皮的光就熄灭了。这就更加证明，萤火虫的发光是缓慢氧化的结果。

萤火虫发出来的光呈白色，很柔和，这光虽然很亮，却不具有较强的照射能力。在黑暗处，我用一只萤火虫在一行印刷文字上移动，可以清楚地看出一个个字母，甚至可以看出一个不太长的词儿来，但是，在这小小的范围之外的一切东西，就看不见了。因此，夜晚，以萤火虫为灯看书，那是不可能的。

如果把一群萤火虫放在一起，彼此紧挨着，每只萤火虫都放着光，那么，它的光就会通过反射而可以照亮旁边的萤火虫，我们似乎也就能够看清一只只的萤火虫了。但是，事实并非如此。这群萤火虫只是杂乱无章地聚集在一起，就算彼此离得很近很近，我们也无法看清萤火虫的模样，因为这所有的亮光把萤火虫全都混在了一起，成了模模糊糊的一片。

我通过照相技术非常清楚地证实了这种情况。我用钟形金属网罩罩住二十来只充分发光的雌性萤火虫，把它们置于露天地里。罩子里，有一丛百里香插在其中央，形成一片小林子。夜晚时分，那二十来只雌性萤火虫全都爬到罩子顶上去了；它们在竭力地朝着各个方向展示它们那发光的服饰。因此，沿着百里香小枝形成了一串串的花序。我指望这一串串花序能够对相板和相纸产生作用，但是，我却未能遂愿，只得到了一些不成形的白色斑点，根据萤火虫群体的不同情况，有些地方浓些，有些地方浅些，而萤火虫的模拟斑点一点也没有显现，连百里香丛的痕迹也没有显现出来。因缺乏充足的光照，美妙如画的光彩只显现出一团模糊不清的黑乎乎的水浆似的东西来。

由此看来，雌性萤火虫的灯光并不是用来照明的。那么，它到底是干什么用的呢？我想，它是用来召唤情郎的。但是，雌性萤火虫的灯是在其肚子下面冲着地面发光的，而雄性萤火虫则是在随意乱飞，它在上面，在空中，有时是在老远的地方往下看，应该说它是看不见雌性萤火虫的那盏灯的。但是这种不正常的情况却被巧妙地予以纠正了。雌性萤火虫自有其高明的调情手段。每天晚上，天完全黑下来的时候，被我拘于钟形罩里的囚徒们就会到我用来作为监狱的百里香丛中。到了这个花丛中，它们便爬到显现得很清楚的细枝上，不像在灌木丛下时那样老老实实、安安生生地待着，而是在那儿做着激烈的体操运动。她们一个个把小屁股扭来扭去，一颠一颠地，朝这边扭一下，再朝那边扭一下，把灯光向各个方向打去。这么一来，寻偶求欢的雄性萤火虫从附近经过时，无论是在地上还是在空中，肯定都能看到这盏随时都在亮着的灯。这一招儿，有点像捕捉云雀的旋转镜子的运作方式。这面旋转小镜静止不动时，云雀对它并无什么反应，但是，它只要一旋转起来，把它的光弄成了迅速闪动的碎裂的光亮，云雀见了就会激动起来。

雌性萤火虫自有其召唤求欢者的绝招，而雄性萤火虫也不甘示弱，它有着一种光学器具，能够老远就看到雌性萤火虫那盏灯所发出的最微弱的光。其护甲胀大成盾形，大大地超出了头部，像帽檐或灯罩似的伸向前去，它的作用就在于缩小视野，把目光集中于需要识别的光点上去。而在其颅顶下面，长着两只大眼睛，非常鼓凸，呈球冠形，彼此接近，中间只有一条狭窄的槽沟，以便收放触须。它的这个复眼几乎占据了它的整个面孔，缩在大灯罩所形成的空洞里，真像库克普罗斯①的眼睛。

雌雄交配的时候，那盏灯的灯光会变弱，几近熄灭，只有尾部那盏小灯还亮着。春暖花开、暖意融融的时节，在田野里，昆虫们都在求欢寻爱，低吟婚庆颂歌，陶醉于男欢女爱之中，虽然萤火虫的这盏尾灯通宵达旦地亮着，也没有哪位去注意它，不会发生任何的危险。待交配完毕，萤火虫便立刻产卵，它们并无夫妻感情，没有什么家庭观念，没有慈母之爱，它

把白白的圆圆的卵产在——或者更确切地说是抛撒——随便什么地方。

有一点却是非常奇怪的：萤火虫的卵，甚至在其母体内时，就是发光的。如果我在捕捉时，一不小心，捏破了雌性萤火虫那装满了卵的肚子，就会看到一道道汁液，闪闪发光地流在了我的指头上，好像我把一只装满着磷液的囊给捏破了似的。我用放大镜仔细地进行了观察，确实是被挤出卵巢的虫卵所发出的光亮。此外，将要临产时，卵巢里的萤光已经显现出来了，雌性萤火虫肚皮表面已经在透出一种柔和的乳白色的光。

卵产下不久就会孵化。萤火虫幼虫无论雌与雄，尾部都有一盏小灯。寒冬将至时节，幼虫欲到地下不太深的地方，顶多也就是三四寸深。我在大冬天里，从地下挖出过几只幼虫，发现它们的尾灯一直亮着。四月将要来临，天气转暖，幼虫便钻出地面，继续完成其演化过程。

总而言之，我通过观察研究得知，萤火虫自生下来之日起，一直到寿终正寝时止，都一直在发光。它的卵在发光，它的幼虫在发光；雌性萤火虫亮着的是华丽的灯，雄性萤火虫则保留着幼年时期那盏已有的小灯。对于雌性萤火虫的光带的作用，我可以说是已经有所了解了，但是，它的尾灯又是干什么用的呢？我很遗憾地说，我尚不得而知。昆虫物理学要比我们书本上的物理学更加深奥，这个问题可能在很长的时间里，甚至在永远的将来，也都会是个不解之谜。

（本篇选自原著第十卷）

注释：

①库克普罗斯：古希腊传说中的独眼巨人，掌管雷霆。

田野地头的蟋蟀

谁想观看蟋蟀产卵都用不着做什么准备工作，只要有点耐心就行。布封说，耐心是一种天赋，我却谦虚地称之为观察者的优秀品质。四月份，最迟五月份，我们给它们配对，单独放在花盆里，放一层土，压实。食物只是一片莴苣叶，要常常换上新鲜的。花盆上盖上一块玻璃，以防它们跳出来跑掉。

这种装置简单有效，必要时还可以加一个金属网罩，那就更加高级了，这样我们就可以获得一些极其有趣的资料了。我们以后再谈这些。眼下，我们要盯着看它产卵，必须时刻警惕着，不让有利时机溜掉。

我持之以恒的观察有了初步满意的结果是在六月的第一个星期。我突然发现母蟋蟀一动不动，输卵管垂直地插入土层里。它并不在意我这个冒失的观察者，久久地待在那同一个点上。最后，它拔出输卵管，漫不经心地把那小孔洞的痕迹抹掉，歇息片刻，溜达了一会儿，随即便在花盆内它的地界儿里继续产卵。它像白额螽斯一样重复干着，但动作要慢得多。二十四小时之后，产卵似乎结束了。为了保险起见，我又继续观察了两天。

于是，我翻动花盆的土。卵呈淡黄色，两端圆圆的，长约三毫米。卵一个一个地垂直排列于土里，每次产卵的数目不等，有多有少，相互紧靠在一起。我在整个花盆的两厘米深的土里都发现有卵。我用放大镜勉为其难地尽量数清土里的卵，我估计一只母蟋蟀一次产卵有五六百个。这么多的卵肯定不久就会被大量淘汰的。

蟋蟀卵真像是个绝妙的小机械。孵出后，卵壳似一只不透明的白筒子，顶端有一个十分规则的圆孔，圆孔边缘是一个圆帽，作为孔盖用。圆帽并非由新生儿随意顶开或钻破，而是中间有一条特别的线条，闭合不紧，可自动启开。看卵孵出会挺有趣的。

卵产下之后大约半个月，前端出现两个又大又圆的黑黄点，那是蟋蟀的眼睛。在这两个圆点稍高处，在圆筒子的顶端，出现一条细小的环状肉。卵壳将从这儿裂开。很快，半透明的卵就能让我们看到婴儿那孵化中的小样儿。这时候就必须倍加小心，增加观察次数，尤其是早晨。

幸运垂青耐心的人，我的孜孜不倦终于有了报偿。稍稍隆起的肉在不停地变化着，出现了一拱就破的一条细线。卵的顶端被其中的婴儿的额头顶着，顺着那条细肉线抻着，像小香水瓶一样微微启开，分落两旁。蟋蟀便像小魔鬼似的从这个魔盒中钻出来了。

小魔鬼出来之后，壳儿还鼓胀着，光滑而完整，呈纯白色，圆帽挂在孔口。鸟蛋是由雏鸟喙上专门长着的一个硬肉瘤撞破的；蟋蟀的卵则是一个高级小机械，犹如一只象牙盒子似的自动启开。小蟋蟀额头一顶，铰链就启动，壳就张开了。

小蟋蟀一脱掉身上的那件精细外套，浑身发灰，几近白色，立刻便与上面压着的土搏斗开来。它用大颚拱土，它蹬踢着，把松软的碍事的土扒拉到身后去。它终于钻出土层，沐浴着灿烂的阳光，但它如此瘦小，不比一只跳蚤大，在弱肉强食的世界上经历风险。二十四个小时内，它体色变化，成了一只漂亮的小黑蟋蟀，乌黑的颜色可与成年蟋蟀一争高下。原先的灰白色只剩下一条白带围在胸前，宛如牵着婴孩学步的背带。

它十分敏捷，用它那颤动着的长触须在探查周围空间；它奔跑、蹦跳，开心得很，以后体态发胖就不这么欢蹦乱跳的了。它年幼胃嫩，该给它吃些什么呢？我全然不知。我像喂成年蟋蟀一样，拿嫩莴苣叶喂它。它不屑吃它，或者也许吃了点而我没看出来，因为它咬的印迹不明显。

不到几天工夫，我的十对蟋蟀大家庭成了我的一大负担。一下子就是五六千只小蟋蟀，当然是一群漂亮的小家伙，可它们需要如何照料我却一无所知，这叫我如何是好。

啊，我可爱的小家伙们，我将给予你们充分的自由，我将把你们托付给大自然这个至高无上的教育者。

我就这么办了。我找到花园里最好的一些地方，把它们这儿那儿地放生一些。如果它们一个个都活得很好，明年我的门前会有多么美妙动听的音乐会呀！但是，这美景并未出现，可能不会有什么美妙动听的音乐会了，因为母蟋蟀虽然大量产仔，但随之而来的是凶残的杀戮。幸存下来的很可能只有几对蟋蟀。

首先奔来抢掠这天赐美味、大开杀戒的是小灰壁虎和蚂蚁。尤其是蚂蚁这个可恶的强徒恐怕不会在我的花园里给我留下一只蟋蟀的。它抓住可怜的小家伙们，咬破它们的肚皮，疯狂地大嚼一通。

啊，该死的恶虫，可我们一直把它视为第一流的昆虫呢！书本上在赞扬，对它还赞不绝口；博物学家们把它们捧上了天，每天都在为它们锦上添花；动物界同人类一样，让自己威名远扬的办法有千万种，但最可靠的办法则是损人利己，这是千真万确的道理。

谁都不了解弥足珍贵的清洁工食粪虫和埋葬虫，可吸血的蚊虫、长毒刺的凶狠好斗的黄蜂以及专干坏事的蚂蚁却无人不知无人不晓。在南方的村子里，蚂蚁毁坏房屋椽子的热情如同它们掏空一棵无花果树一样。我无须赘述，每个人都能从人类的档案馆中找到类似的例证：好人无人知晓，恶人声名远扬。

由于蚂蚁以及别的一些杀戮者的无情屠杀，我花园中开始时数量多多的蟋蟀日渐稀少，使我的研究难以为继。我只好跑到花园以外的地方去进行观察了。

八月里，在尚未被三伏天的烈日烤干的草地上的落叶中，我发现了已经长大的小蟋蟀，它与成年蟋蟀一样全身墨黑，初生时的白带子已经全褪去了。它居无定所，一片枯叶、一片砖瓦足可以遮风避雨，犹如不考虑何处歇足的流浪民族的帐篷一样。

直到十月末，初寒来临，它才开始筑巢做窝。据我对囚于钟形罩中的蟋蟀的观察，这个活儿非常简单。蟋蟀从不在其中的一个裸露地点筑巢，而总是在吃剩的莴苣叶遮盖着的地方做窝，莴苣叶代替了草丛作为隐藏时不可或缺的遮檐。

蟋蟀工兵用前爪挖掘，利用其颚钳挖掉大沙砾。我看见它用它那有两排锯齿的有力的后腿在蹬踢，把挖出的土踹到身后，呈一斜面。这就是它筑巢做窝的全部工艺。

一开始活儿干得挺快。在我的囚室的松软土层里，两个小时的工夫，挖掘者便消失在地下了。它还不时地边后退边扫土地回到洞口。如果干累了，它便在尚未完工的屋门口停下来，头伸在外面，触须微微地颤动着。休息片刻之后，它又返回去，边挖边扫地又继续干起来。不一会儿，它又干干歇歇，歇息的时间也越来越长，我观察的劲头儿也随之减低了。

最紧迫的活计完成了。洞深两寸，目前已够用了，余下的活计费时费力，得抽空去做，每天干点。天气日渐转凉，自己的身体在渐渐长大，巢穴得逐渐加深加宽。即使到了大冬天，只要天气暖和，洞口有太阳，也能常常看见蟋蟀在往外弄土，说明它在修整扩建巢穴。到了春光明媚时，巢穴仍在继续维修，不停地修复，直至屋主去世为止。

四月过完，蟋蟀开始歌唱，先是一只两只，羞答答地在独鸣，不久便响起交响乐来，每个草窠窠里都有一只在歌唱。我很喜欢把蟋蟀列为万象更新时的歌唱家之首。在我家乡的灌木丛中，在百里香和薰衣草盛开之时，蟋蟀不乏其应和者：百灵鸟飞向蓝天，展放歌喉，从云端把其美妙的歌声传到人间。地上的蟋蟀虽歌声单调，缺乏艺术修养，但其淳朴的声音与万象更新的质朴欢快又是多么和谐呀！那是万物复苏的赞歌，是萌芽的种子和嫩绿的小草能听懂的歌。在这二重唱中，优胜奖将授予谁？我将把它授予蟋蟀。它以歌手之多和歌声不断占了上风。当田野里青蓝色的薰衣草如同散发青烟的香炉，在迎风摇曳时，百灵鸟就不再歌唱了，人们只能听见蟋蟀仍在继续低声地唱着，仍在庄重地歌颂着。

现在，解剖家跑来啰唆了，粗暴地对蟋蟀说："把你那唱歌的玩意儿给我们瞧瞧。"它的乐器极其简单，如同真正有价值的一切东西一样；它与螽斯的乐器原理相同：带齿条的琴弓和振动膜。

蟋蟀的右鞘翅除了裹住侧面的皱襞以外，几乎全部覆盖在左鞘翅上。这与我们所见到的绿蝈蝈、螽斯、距螽以及它们的近亲完全相反。蟋蟀是右撇子，而其他的则是左撇子。

两个鞘翅结构完全一样，知道一个也就了解了另一个。我们来看看右鞘翅吧。它几乎平贴在背上，但在侧面突呈直角斜下，以翼端紧裹着身体，翼上有一些斜向平行细脉。背脊上有一些粗壮的翅脉，呈深黑色，整体构成一幅复杂而奇特的图画，形同阿拉伯文天书。

鞘翅透明，呈淡淡的棕红色，只是两个连接处不是如此：一个连接处大些，三角形，位于前部；另一个小些，椭圆形，位于后部。这两个连接处都由一条粗翅脉围着，并有一些细小的皱纹。第一处还有四五条加固的"人"字形条纹，后一处只是一条弓形的曲线。这两处就是这类昆虫的镜膜，构成其发声部位。其皮膜的确比别处的细薄，是透明的，尽管略呈黑色。

那确实是精巧的乐器，比螽斯的要高级得多。弓上的一百五十个三棱柱齿与左鞘翅的梯级互相啮合，使四个扬琴同时振动，下方的两个扬琴靠直接摩擦发音，上方的两个则由摩擦工具振动发声。所以，它发出的声音是多么雄浑有力啊！螽斯只有一个不起眼的镜膜，声音只能传到几步远的地方，而蟋蟀有四个振动器，歌声可以传到数百米以外。

蟋蟀的声音亮度可与蝉匹敌，而且还不像蝉的叫声那么沙哑，令人讨厌。更妙的是，蟋蟀的叫声抑扬顿挫。我们说过，蟋蟀的鞘翅各自在体侧伸出，形成一个阔边，这就是制振器；阔边多少往下一点，即可改变声音的强弱，使之根据与腹部软体部分接触的面积大小，时而轻声低吟，时而歌声嘹亮。

只要不爆发交尾期间本能的争斗，蟋蟀们便会在一起和平相处。但求欢者们之间，打斗是家常便饭，而且互不相让，但结局倒并不严重。两个情敌相互头顶着头，互相咬脑袋，但它们的脑壳是一顶坚硬的头盔，能够顶住对方铁钳的夹掐，只见它俩你顶我拱，扭在一起，然后复又挺立，随即各自离去。战败者逃之夭夭；得胜者放开歌喉羞辱对方，然后转而柔声低吟，围着情人轻唱求欢。

求欢者很会搔首弄姿。它手指一勾，把一根触须拽回到大颚下面，把它蜷曲起来，用其唾液作为美发霜在其上涂抹。它那尖钩、镶着红饰带的长长的后腿，焦急地跺着，向空中蹬踢着。它因激动而唱不出声来。它的鞘翅在急速地颤动着，却不再发出声响，或者只是发出一阵零乱的摩擦声。

求爱无果。母蟋蟀跑到一片生菜叶下躲藏起来。但是，它还是微微撩起门帘在偷看，而且也想被那只公蟋蟀看见。

它向柳树丛中逃去，
却在偷窥着求欢者。

两千年前的一首牧歌就是这么温情地唱颂的。情人间打情骂俏到处都一个样儿！

（本篇选自原著第六卷）

圆网蛛

圆网蛛的才能不因年龄之不同而发生变化。小圆网蛛未成年时如何工作，老年圆网蛛即使积累一年的工作经验，也同幼年时一样地工作。在它们的行会中，既无师傅也无徒弟；从铺第一根丝起，个个都对自己的行当非常精通。

七月初，一天傍晚，暮色苍茫，当新居民们正在我的荒石园的迷迭香上编织蛛网时，我突然在门前发现一只肚大腰圆、高傲而美丽的蜘蛛，它是一位胖夫人，头年刚出生，其威风凛凛之态，在此季节实属罕见。我认出它是角形蛛，一身灰衣服，两根暗色饰带嵌于身体两侧，于后部相会，聚成一个尖尖。它从左右两侧把肚子底部短时间内胀得鼓鼓的。

我注意观察着它，看到它拉出一批丝来。七月一整个月以及八月的大部分日子，每晚八点到十点，我都可以追踪观察它的织网过程。蛛网每晚都有小飞虫冲撞落网，或多或少地都会有些破损，所以它每天都得加以修补，免得洞越弄越大，难以修补，影响捕猎。晚间，提着灯笼，很容易观察它所做的各种作业。它身子藏于一排柏树和一丛月桂之间的高处，面对着飞蛾经常飞临的狭窄通道。它的网设置的位置极佳，因为在整个夏季里，虽然它每晚都得修补破网，十分辛苦，但也说明它的猎获成绩斐然。有时候，黄昏时分，我们全家都会跑去看它。看到它在颤动不已的绳网上大胆地做着那么惊险的杂技动作，大人孩子全都十分惊叹。在我的提灯照亮之下，蛛网变成了一个美丽的圆形花饰，仿佛是月光编织而成的。

我把角形蛛的业绩记录下来，每日一记，从不遗漏。从这些大事记中，我们首先可以了解到建造这个圆形建筑物的丝线是如何取得的。圆网蛛白天就蜷缩在柏树的绿叶中，到晚上八点光景，它便走出自己的隐居地，来到树杈梢儿上。它立于这高地上，先仔细地观察现场，制订计划，还要观云望天，看看夜间天气是否晴朗。

这之后，它便突然完全伸展开它的八条长腿，身子悬吊在从纺织器里拉出来的丝桥上，直线坠落。在下坠的过程中，丝也随之抽出。它就凭借自身重量作为拉力。但下坠并不因重量而加速，而是由纺织器进行调节。它边下坠边收缩，或扩张或闭合纺织器的毛孔。这样缓缓地下降时，这条充满活力的垂直丝线就越拉越长。

降到离地面两寸高时，它突然停下，纺织器停止了工作。它抓住自己刚刚拉出来的丝，回转身来，一边纺织一边沿原路往上爬去。但这一次体重却帮不上忙，它得另外想法拉丝：后面的两个步足迅速地交替运作，把丝从丝囊里拉出来，再逐渐地把丝抛弃。

它回到了两米高处的出发点。它已拥有一根双股丝线，结成环柄状，在空中轻轻地飘荡着。它把这双股丝线的一端固定在适当的地点，等着另外的那一端被风吹起来，把环柄黏结在附近的细树枝上。

也许要等待很久才能得到预期的结果。圆网蛛看上去倒挺有耐心，一点也不着急，可我却按捺不住，便走上前去助它一臂之力。我用麦秸把飘荡着的环柄挑起，把它搭在高度适当的一根细树枝上。经我这么一弄，丝桥搭建成功了，圆网蛛看来颇为满意。当它感到丝的另一端已经粘住时，便从桥上一头到另一头一连跑了几个来回，每跑一趟都会在丝桥上加上一股丝线。它就这么不停地编织着框架的主要构件，悬挂缆绳便铺设好了。这丝缆很细，看起来也很简单，但它的两端却像开花似的分散开来，形成树枝状。圆网蛛来回多少趟，便有多少个分叉。这一股股的分叉丝线，黏着点各不相同，致使丝缆两端固定得十分牢靠。

悬挂缆则比整个蛛网的其他部分都更加牢固，所以它留存得也就更久。经过一夜的捕猎，蛛网一般都会受到不同程度的损坏，第二天晚上几乎都得加以织补。在彻底清理过的地方，战场打扫完了，就得重起炉灶，只有丝缆除外，因为重新编织的网还得悬挂在这根粗粗的丝缆上。这条丝缆架设起来并非易事，因为架设成功与否并不完全凭借圆网蛛的技艺，还得依靠空气的流动，把细丝吹到灌木丛中去寻找一个依托。所以，架设起来会费不少的时间，而且还无法保证必然成功，一旦架设好了一条既牢固、方向又好的丝缆之后，轻易是不会更换掉它的，除非发生了严重的事件。每天晚上，圆网蛛都从丝缆上走过来走过去，用新的丝来加固它。

当圆网蛛无法下坠到必需的位置，丝线太短，不能将环柄固定在远处，因此就形不成双股丝，搭不成丝桥的时候，它便采用另一种方法。它仍然下坠，然后又爬上来；不过，这一次丝的一端像蓬松的毛笔，各个细杈没有粘在一起，宛如从莲蓬头里洒出来的水似的。然后，这根如同浓密的狐狸尾巴似的细丝，像被剪刀剪断了一样，伸展开来，整根丝拉长了一倍。现在，它的长度便达到了要求，圆网蛛便把丝的一端固定起来，另一端则随着分散的枝杈随风飘荡，不一会儿就会很容易地黏结到灌木丛上去。

圆网蛛无论是以何种方式铺设的丝缆，只要铺设成功了，它就有了一个基地，可以随时接近或离开作为依托的枝丫了。这根丝缆是它扩建工程的上限；圆网蛛可以从这根丝缆变换降落点，往下滑一点，边滑边抽丝，再沿着抽出的丝往上攀爬，同时也抽出丝来，形成双股丝。圆网蛛在大丝桥上行走时，这双股丝便一直延伸到系着丝桥的细枝，随即便把双股丝自由的一端或高或低地系在细枝上，从而在左右两边造出了几个斜向横档，把丝缆和枝丫连在了一起。而这些斜向横档转而又支撑着其他方向都有变化的横档。待到横档达到一定数量的时候，圆网蛛就无须再用下坠的方法来抽丝了，它可以从一根丝索到另一根丝索，用它的后足拉丝，逐渐地把丝架设起来，因此便出现了一系列的直线组合。这种组合并无一定之规，却保持在几近垂直的同一平面上。一个极不规则的多边形空地就这样圈定了，蛛网就编织在这片空地上。应该指出，网本身是一个非常有规则的作品。

圆网蛛都是以中心瞄准点作为标杆来铺设等距离的辐射丝的。在铺设时都有辅助螺旋丝作为脚手架，但这脚手架只是临时性的，用完就丢弃。而且还都有许多圈相互紧密靠拢着的捕捉飞虫的螺旋丝。铺设这种捕捉飞虫的螺旋丝是一项极其精细的工作，因为工程要求必须有规则性。这么精细的工作是否需要极其安静的环境，不受外界的干扰，以免走神出错呀？它是不是需要安静的环境边干活边思考呀？其实是用不着的。我在一旁观察，而且手里还提着提灯，但它并未因此而分心走神，照样细心地工作着。它就像一架在黑暗中转动着的纺车，即使被光线照射着，仍旧在继续忙着自己的活计，既没加快速度，也没放慢步伐。

八月的第一个星期日是主保圣人节。星期二是庆祝活动的第三天，这一天晚上，村里在九点钟时，得放烟花庆祝节日的结束。烟花燃放点正巧设在我家门前的大路上，离我的圆网蛛的工作地点只有几步远。当大家敲着鼓，吹着号，手持树脂火把，再加上村里小孩的欢闹，真的是一片熙熙攘攘，吵吵闹闹的景象。这时，我的纺织姑娘正好在铺设它的大螺旋丝。我提着灯在观察着，但是，我仍旧看见纺织姑娘在静静地专心工作着，人群的喧闹声、鞭炮的噼噼啪啪声、烟火的嗞嗞声，以及五颜六色的火花散落时的亮光，丝毫没有引起纺织姑娘的惊慌不安，它继续在有板有眼地忙碌着，如同平常在寂静的夜晚里一样。

圆网蛛刚刚在休息区边上结束了铺设大螺旋丝的活计，便把用节余的丝头线脑儿做成的中央坐垫给吃掉了。但是，在把这顿标志着织网工作结束的晚餐吃掉之前，蜘蛛目中只有两种蜘蛛——彩带蛛和丝蛛——还要对自己的工程进行最后的检查、认定，也就是说，它们还要从中心到休息区下部边缘铺设一条紧密相靠着的白色之字形带子。有的时候，甚至在上部也会再铺设一条同样形状，但稍许短些的带子。这种带子看似古怪，其实是用来加固蛛网的。年幼的圆网蛛开始时并不做这种加固工作，因为它们并未达到考虑未来的年龄，还不懂得节约用丝的重要性，所以，尽管网并未完全损坏，仍可以使用，它们每晚都要重新编织新网。既然还要重织新网，那旧网加固不加固又有什么关系呢？

可是，到了秋末冬初，成年蜘蛛感到产期临近，便不得不勤俭节约了，因为不仅卵袋消耗丝的量很大，而且，成年蜘蛛的网做得也大，需用的丝也就多，因此，它们不得不厉行节约，使网用的时间长些，免得筑巢搭窝要用丝时，捉襟见肘，日子难熬。

也许是出于这一考虑，或者有其他我尚不知晓的原因，反正彩带蛛和丝蛛认为有必要建造持久耐用的工程，用一根横向贯穿的带子来加固它们的捕虫网。而其他圆网蛛的卵袋只不过是个简简单单的小弹丸，用丝不多，所以没有必要去编织加固丝网的“之”字形带子，它们与年轻蜘蛛一样，每天傍晚都要重新编织一个蛛网。

我们再来看看角形蛛是如何进行重新织网工作的。日暮时分，角形蛛便从其隐居地小心翼翼地爬出来，离开遮蔽着它的柏树叶，来到捕虫网的悬挂缆上。在上面稍稍待上一会儿之后，它便下到网上，大把大把地收拢废网，把螺旋丝、辐射丝和框架也全都扒拉到步足下面来，只把悬挂丝缆留着，因为这个结实的部件是原建筑物的基础，稍事加工，仍可留作结新网之用。

收拢来的废网被揉捏成一小团，像猎物似的被蜘蛛吃掉，一点不剩。这再次表明圆网蛛是多么会过日子，多么克勤克俭。这些废网丝经过蜘蛛

胃的加工，又变成液体，将留作他用。

清扫完场地之后，角形蛛便在留下的那根悬挂丝缆上开始编织框架和网。晚上九点钟光景，角形蛛把网编织好了。晚间天气甚好，树梢纹丝不动，正是飞蛾夜巡、自投罗网之时。刚才我已经说了，在大螺旋丝弄好之后，圆网蛛就将中央小坐垫给吃掉了，然后回到休息区去守株待兔。这时候，我便用小剪刀沿着一条直径把蛛网剪成两半。辐射丝立即收缩回来，网上便出现了一个可以伸进三个指头的空洞。

躲藏在丝缆上的蜘蛛看着我在搞破坏，倒也并不太惊慌。当我剪完之后，它便平静如常地爬了回来，在剩下的那半张网上停下，待在整个圆面的中央。由于身体一侧的步足没有地方可以支撑，它便明白这网已经破损，便立即拉了两根丝横穿在缺口上，没有地方支撑的步足便伸到这两根丝上，它就不再动弹了，一心在窥伺着飞虫的落网。

这个纺织姑娘整个晚上都没有像我所企盼的那样去把破网织补好，而只是死守在那半张剪剩下来的残缺不全的网上，等着捕获猎物。因为第二天早晨，我又去看时，那网仍旧与我头天晚上离开时一模一样，没有任何织补了的迹象。

那两根丝横拉在缺口上并不是它想修补破网。由于身体一侧的那些步足失去依托，要去打猎时，它便从裂缝中穿过去。在它往返的路上，它像其他圆网蛛一样，留下一根丝来。但这也并不说明它想织补破网，而只是心情不佳、闷闷不乐、来回走动，借以消怒而留下的丝而已。我用剪刀剪坏它的网，它却固执地不去织补，那好，一计不成，我另设一计。

第二天，蜘蛛把头一天的网吞吃下肚之后，又织出了一张新网。工作完毕之后，我趁它回到中央区待着时，用一根麦秸小心翼翼地拨动螺旋丝，把它拉出来，但并不破坏辐射丝和休息区。螺旋丝晃动着，一截截地断了。捕虫螺旋丝损毁，蛛网就没有用了，尺蛾飞过也捕捉不到。面对这场灾难，圆网蛛会干什么呢？它什么也没干。它只是一动不动地待在我给它预留的休息区里，等待捕捉猎物。但那网已经起不了捕捉飞虫的作用了，它白白地守候了一夜。翌日清早，我去查看时，发现那网仍破损如昨，足见圆网蛛虽饥肠辘辘，仍不思修补自己的大本营。

也许它在铺设好那根大螺旋丝之后，丝器里的丝已经告罄，不可能再连续不断地吐丝了。但我却希望不是这个原因造成的，盼着另有别的原因，我坚持不懈地等待着，终于有了结果。在我紧紧地盯着它在绕大螺旋丝时，有一只猎物傻乎乎地落入这个残缺不全的陷阱。圆网蛛一见，立刻放下手上的活计，冲向那个倒霉的冒失鬼，用丝把它缠住，美美地吃了起来。在与那个挣扎的倒霉蛋搏斗时，圆网蛛看到网的一角被撕破了，出现了一个大洞，这会影响捕猎。面对这个大洞，它会如何处置？这时候必须赶紧修补，否则就永远无法进行修补了。事故就出现在它的脚下，它不会不知道的，再说，此刻，它的纺织厂正在开工，纺织器里不会没有丝的。可它根本就没去理会，它把猎物吮吸了几口之后便撇下了，回到因捕食尺蛾而中断了工作的地方，继续去铺设它的大螺旋丝。有些人不知出于什么理论的需要，竟然大肆颂扬蜘蛛的织补能力，可我所做的实验却证明完全不是这么回事：蜘蛛根本就不会织补破网。它尽管苦恼，若有所思，但却不会去给破洞补上一块布的。

其他一些蜘蛛不会编织大网眼的网，经它们织出的绸缎上，丝线随意地交叉着，形成了连续不断的丝绸料子。这类蜘蛛中包括家蛛。它们在我们的墙角上铺就一块宽大的丝绸布，固定在墙角突出的地方。它就躲在侧面的角落里，那是它的住所，这住所是一根丝管，管口呈锥形的一个长廊，它就藏于其中，窥伺外面的情况。这块丝绸布胜过我们最柔软的平纹布，极其精细，但它并不是一个捕猎工具，而是一座平台，蜘蛛可在上面巡逻，特别是在夜晚。真正的捕猎器是张在这个平台上的一堆乱丝绳。这类蜘蛛编织捕猎器的规则与圆网蛛不同，因而其运作方式也有所不同。那上面没有黏稠的线，只有简单的线圈，由于铺得密密麻麻，猎物一旦落入，甭想溜掉。一只飞虫落入此陷阱，越是挣扎，就越是被缠得紧紧的，家蛛见状，立刻冲上前去，把它掐死。

我做了个实验。我把家蛛的这块丝绸布弄了个圆洞，直径有两指宽。一整天，洞就这么敞开着，但是，到了第二天，我却发现洞已经被盖住了。盖着洞口的是一片细密的薄纱，薄得看不出来，必须用一根麦秸去挑一下，才能感觉得到，因为麦秸往那儿一戳，丝绸布便会摇动，便会知道是遇到障碍物了。

事情是明摆着的：夜里，家蛛把破损建筑物修补过了，给破丝绸布添了个补丁，这可是圆网蛛所不具备的才能。家蛛的这块丝绸布既是它的监视哨所，又是它的捕猎网，猎物一旦被上面的吊索抓到，便会坠落到这块丝绸布上。这个捕猎场不断地会有猎物坠落，但并不很牢固，因为墙皮斑驳，有细泥灰落下，把网坠破，所以家蛛得经常加工，每天夜晚都要在上面加上新的一层。

它每次从管状隐蔽所出来或回去，总要把系在身后的一根丝牵长，留在走过的路上。我每每可以看见搭在表面的丝线，其方向全都汇聚在管状隐蔽所的入口处，无论家蛛随心所欲，走的是直道，还是拐来绕去。这就表明，它每走一步，都要给这块丝绸布添上一根丝线。这与松毛虫倒是如出一辙，松毛虫夜晚从其丝屋里出来进食或返回屋里休息，总要在其住所的表面留下一条丝线，每次出征都要为自己的住所“添砖加瓦”。

家蛛正是如此，它每天夜晚都要到平台上来溜达，同时也就给平台加上了一层，无论平台上是否出现空洞。它这并非有心在为撕破的地方织补一块，而只是继续在做自己的习惯动作。如果说破洞终于给补上了，那也只是说明是习惯使然，而非家蛛特意为之。

再者，如果说要把破洞织补上的话，那它就该集中全部注意力，把丝全都用在破洞上，一下子把损坏处弄得与其他地方一样平展。可我所看到的却是，破损的地方只留下一层薄薄的几乎看不见的细纱。显然，它在破洞上的所作所为，与它在别处的做法一模一样，不多也不少。它并没把丝全用在破洞上，它这是在节约材料，以便留着丝好织一整张网。要把损毁处逐渐地修补好，得花好长的时间。

足见，无论是地毯女工还是纺织姑娘，都不懂织补这门手艺。

现在，我们还是来仔细观察一下圆网蛛是如何巧妙地编织自己的螺旋丝网的。只要稍加留意，就会发现，组成捕虫网的丝与构成框架的丝是不一样的。它们在阳光下闪烁着，显现出其中的结节，状似一串小颗粒编成的念珠。因为一有点风，网就飘来荡去的，无法用显微镜直接观察。于是，我便把一块玻璃片放在网下，抬起那张网，取下几段丝来，平放在玻璃片上，然后把它放在放大镜和显微镜下面仔细地加以观察。

我简直无法相信，这些肉眼看不太清的丝的末端，竟然是一圈圈密实的螺旋丝，而且，这丝还是空心的，是一根极细极细的管子，管内满是类似于阿拉伯树胶的黏液。这黏液从丝端流出半透明状的液体。我用玻璃片压住它，放在显微镜下的托座上，只见螺旋卷便延伸成细带，带子从一头到另一头全都扭卷着，中间有一道暗线，即为空腔。

丝里面的黏液就穿过这卷曲的管状丝的壁，一点一点地往外渗，使整个网都具有黏性，而且黏度很高。我用一根细麦秸轻轻地触碰了一段丝的第三、四节。尽管是轻而又轻地一触，麦秸还是被粘住了。我抬高麦秸，丝被拉起，长度比原先增长了一两倍，最后，由于绷得过紧，丝便脱落了，但并没有断，只是缩回到原先的长度了。丝被拉长时，螺旋卷便松开来；缩回去时，又卷曲起来。最后，黏液渗到丝的表面，使丝变成黏合物。

总之，这螺旋丝是我从未见过的纤细如发丝的细管。它卷成螺旋状以便具有弹性，使之经得住猎物的挣扎而不致被拉断，让猎物得以逃脱。丝管里储存着大量的黏性物质，不断地渗透出来，在丝的表面因暴露于空气中而减弱黏附力的时候，可以恢复丝的黏性。这简直是太奇妙了。

圆网蛛并不是在一般性的网上捕食，而是在带黏胶的网上捕猎。其黏性之大，令人叫绝，就连蒲公英的冠毛轻轻擦过，也都会被粘牢的。可是，圆网蛛天天在这张网上爬来爬去，怎么就没被粘住呢？

我前面已经介绍过，蜘蛛在其捕虫网的中央留着一个区域，黏性螺旋丝是不进入这一区域的，它们在离这个中心区尚有一定的距离时便终止了。这个中心区域在整张网中占有掌心那么大的面积，它由辐射丝和辅助螺旋丝的开端构成，不具有黏性。我用麦秸在这个中心区试探过，在这个中心区内的任何地方，都不会被粘住。

圆网蛛只是驻守在这个中心区，这个休息地内，几天几夜地监视着，等待猎物自投罗网。但是，猎物经常是在大网的边缘被粘住的，蜘蛛一见，立即冲上前去，把猎物五花大绑，让它挣扎不了。那么，它是如何在那黏性丝上行走的呢？我见它行动时快如闪电，毫不犯难，黏性丝并未因其步足的移动而被带起来。这到底是怎么回事呀？

我小的时候，每逢周四下午不上课时，同学们都会三五成群地跑到田野里去抓金丝雀。我们在给竹竿头上涂黏胶之前，总要先用点油抹抹手，以免粘住了自己的手。圆网蛛是不是也了解油脂的这个用途呢？

我用纸沾了点油把麦秸擦了擦，再把它拿到螺旋丝上试了试，果然，麦秸没被丝粘住。于是，我便从一只活圆网蛛身上取下它的一只步足，把它放在涂了油的麦秸上让它与黏丝相接触，它就像在非黏性丝上一样，没有被粘住。圆网蛛在任何情况之下都不会被粘住，这一点我们早就应当预料到的。

我又做了一个实验，但结果却完全不一样了。我把这只步足先放在油脂物的最佳溶解剂——硫化钠中浸泡了一刻钟，然后，用一支浸泡了这种溶解剂的毛笔仔仔细细地把这只步足清洗了一番，然后，把它与捕虫网的螺旋丝一接触，它就立刻被粘得牢牢的了。我因此得出结论，圆网蛛之所以不会被黏性极强的螺旋丝粘住，说明它身上肯定有着一种脂肪物质。仅仅由于出汗，也会在蜘蛛身上轻轻地涂上一些这样的脂肪性物质的。蜘蛛身上涂着一层特殊的汗液,在网上就能行动自如,不用惧怕那黏性螺旋丝了。

不过，即使如此，圆网蛛也不可在螺旋丝上待得太久。与这种黏性丝接触得太久，就会造成黏附，从而妨碍它行动自由，而它必须保持敏捷的身手，才能在猎物挣脱之前，把猎物尽快地捆绑起来。因此，它用来长时间窥伺的地方是绝对不会有黏性极强的螺旋丝的。

圆网蛛只是在这块休息区里才这么静止不动地长时间待着。它伸开自己那八只步足，时刻准备着发现蛛网晃动，有猎物落网，冲将出去。它即使用餐进食，也待在这个休息区里。因为有时猎物较大，得吃上好长时间，只能把猎物弄到休息区里来美美地细嚼慢咽。它在把猎物五花大绑，使之失去挣扎能力之后，把它拖到一根丝的末端，以便在没有黏性的中心区里享用。

这种黏性胶数量很少，我无法对它的化学特性加以研究。我从显微镜下可以看到从断丝里流出一种略带粒状的透明液，我通过实验了解到了这种液体的情况。

我用一块玻璃片穿过蛛网，采集到了一些固定成平行线的黏胶丝，然后，把这块玻璃片放在水面上，用一个罩子把它罩起来。罩子里湿度很高，不一会儿，蛛丝边儿便伸展开来，在一种可溶于水的套管中逐渐膨胀，变成了流体。这时候，丝管的螺旋形状消失了，在蛛丝的管道里出现了一种半透明的圆珠，也就是出现了一些极小极小的颗粒。

二十四小时之后,丝里面的汁液没有了,丝变成了几乎难以看出的细线。

我如果在玻璃片上滴上一滴水，几乎立即便会看到一种黏性分解物。由此可见，圆网蛛的黏胶是一种对湿度极其敏感的物质，在温度饱和的环境下，它会大量地吸收水分，然后通过丝管渗透出来。因此，圆网蛛通常不会在大雾天里织网，更不用说在雨地里了，因为捕虫网被雾浸湿便会溶解成黏性破片，由于受潮而失去效用，但这并不妨碍它们构建总的框架，架设辐射丝，甚至绕辅助螺旋丝，因为这些部件不会因湿度过大而受到损毁。

在毒日头的暴晒下，捕虫网为什么没有变干、萎缩，变成僵硬而无活力的细丝呢？反而始终是那么具有弹性，而且黏附力越来越强呢？这完全是由于它对湿度的极大的敏感性导致的。空气中永远都会存在湿气，湿气会慢慢地浸到黏性丝里去，随着丝里原有的黏性逐渐消失，它会按照要求稀释丝管里浓稠的胶汁，并让胶汁渗透到管外来。这就解决了螺旋丝变干变硬的问题。尽管如此，我仍旧没有弄明白这个出色的拉丝厂是如何工作的。丝质的东西怎么会铸造出极细的管子来？这管子又怎么会充满着黏胶，而且卷成螺旋形？这同一家拉丝厂怎么既能提供普通丝，用来加工框架、辐射丝和螺旋丝，又能提供彩带蛛丝袋里的那种棕红色的丝以及装饰在丝袋上的横条黑色饰带的？我看见了这许许多多不同品种的产品，却不了解这部机器是如何运作的。我才疏学浅，这个问题只好留待解剖学家和生物学家去解决了。我们现在还是来看看圆形蛛身上是否有“电极线”吧。

在我所观察的六种圆网蛛中，只有彩带蛛和丝蛛这两种蜘蛛即使是烈日当头，也始终待在自己的网上，而其他的蜘蛛一般都是在夜晚出现。它们在离网不远的灌木丛里有自己的简易隐蔽所，白天通常都待在那儿静止不动，专心窥伺外面的动静。

但是，它毕竟离得较远，它到底怎么发现猎物落网的呢？其实，网的颤动比亲眼看到猎物更会引起它的警觉。我做了一个实验，在彩带蛛的黏胶网上放了一只刚刚死去的蝗虫。不管我怎么放，蜘蛛都没有任何反应，即使我把蝗虫放在它的前方不远处，它仍旧一动不动，似乎毫无知觉似的。于是我便用一根长麦秸轻轻地拨动了一下死蝗虫，彩带蛛和丝蛛立即从中心区冲了过来，其他一些蜘蛛也从树叶下面钻出来，奔向猎物，用丝把猎物捆个结结实实，如同平常捕捉活物一样。这就证明，必须让网震动才能使蜘蛛发动冲击。

会不会是因为蝗虫体色泛灰，不太能引起蜘蛛的注意？那么，就给它换一个颜色鲜亮的猎物，红色的。蜘蛛捕食的猎物中还没见过有穿红颜色外衣的，我便用红毛线绕了一个小圆团，大小与蝗虫一般，粘在蛛网上。

此计甚妙。只要小毛线团一动，蜘蛛就立刻冲过来；没让毛线团动弹时，蜘蛛就静止不动地待在其中心区域里。有一些冲过来的蜘蛛，傻乎乎地用脚尖触碰小红线团，用丝把它捆绑了起来，甚至还咬了咬这个诱饵。这时候，它们才发现那不是什么猎物，便悻悻地离去了。另外一些蜘蛛比较狡猾，虽然也被这红毛线制作的诱饵吸引了过来，但它们先用触须和步足进行了试探，立刻便发现那不是什么可吃的东西，就没浪费自己的丝去捆绑诱饵。经过一番检查，便弃之而去了。

但是，不管怎么说，聪明的也好，愚笨的也好，反正它们都冲了过来。那么，它们究竟是怎么获得情报的呢？肯定不是靠视觉。在发现错误之前，它们必须先用步足抓住“猎物”，甚至还要咬一咬。蜘蛛的视力极弱，诱饵不动弹，即使近在咫尺，它们也看不见，何况，多数情况之下，捕猎是在夜间进行的，即使视力再好，夜晚也看不清东西。所以，它一定配备有一个远距离接收信息的仪器。我们随便找一只蜘蛛来观察就会发现，当它白天躲在隐蔽处窥伺时，有一根丝从网的中心拉出来，斜向拉到蛛网平面之外，一直通向蜘蛛白天的隐蔽哨所。这根丝线除了与中心点相连之外，与蛛网的其他部分没有任何关系，与框架的线也不发生交叉。这条线通常长约半米。角形蛛因为高踞于树上，它的这根丝线就更长些，达两米。显然，这根斜向丝线是一座丝桥，蜘蛛遇到紧急情况，便会迅速地从桥上跑到网上来，巡查结束后，又从桥上返回隐蔽哨所。实际上，这就是它来回往返所走的路。但是，可能不仅如此。如果圆网蛛只是为了在隐蔽所和网之间搭建一条快速通道的话，把丝桥搭在网的上部边缘不就行了吗？这样的话，路程既短，斜坡又不陡。

再者，这根丝为何总是以黏性网的中心为起点，而不设在别处呢？因为这个中心点是辐射线的汇聚处，是一切震动的震中，网上的所有东西都会把其颤动传到这个中心点上，因此，中心点上的这根斜向丝线就可以把猎物挣扎震颤的信息传到远处。这根线是个信号器，是根“电极线”。

我们再来做个实验。我把一只活蝗虫放到蛛网上，被粘住的猎物拼命地挣扎。只见蜘蛛立即兴冲冲地爬出隐蔽所，从丝桥上下来，扑向蝗虫，把它捆绑住，注射上麻醉药，然后，用一根丝把俘虏固定在丝器上，拖到隐蔽所，美滋滋地享用起来。

过了几天，我又对它进行实验。仍旧用的是一只蝗虫。但这一次，我先把信号天线给剪断了。猎物放到网上后，同样是拼命地挣扎，震颤着蛛网，但蜘蛛却一动不动，好像无动于衷似的。这并不是因为丝桥断了，它来不了了，它有几十条道可以来到该去的地方，因为网由许多丝系在枝丫上，通道多的是，来去自由，方便至极。可是，捕猎者就是没动窝。为什么呀？因为它的电极线被我给剪断了，没有获得引起猎物震颤的消息。整整一个钟头了，蝗虫仍旧在踢蹬着腿挣扎着，捕猎者仍旧一动不动地待在原地。最后，它发觉那根信号线绷得不紧，很是蹊跷，便顺着框架上的一根丝，毫不困难地来到网中，了解情况。于是，它发现了猎物，立即将它捆绑起来，然后，又去架设电极线，取代被我剪断了的那一根。它通过这条新丝桥，拖着战利品，回到隐蔽处。

这之后，我又对电极线长达三米的粗壮的角形蛛进行了实验，后来，又对另一种圆网蛛——漏斗蛛进行了实验。这两次用的猎物是蜻蜓，实验的方法相同，结果也完全一样。实际上，各种蜘蛛都有这种捕猎所必需的电极线，不过，只是到了喜欢休息和长时间地打盹儿的年龄才会有。年幼的圆网蛛则没有：一来是因为它们比成年蜘蛛警觉；二来它们也没有掌握收发电极的技术；再者，年幼蜘蛛编织的网存在的时间短，没等到第二天，就全都不能用了，所以没有架设电极线的必要。

埋伏着的蜘蛛的脚一直踩在电极线上，这样一来，它就可以不必总要强打起精神来时刻警惕着，可以安然地休息，用不着过分劳累，甚至背朝着网也能知晓网上的动静。我就观察过一只胖大的角形蛛，它在两棵月桂树中间编织了一张直径有一米的大网。阳光照射在网上，而角形蛛在黎明时分便已离开了网，躲藏在它白天休息的庄园里。我顺着那根电极线查过去，很容易地就发现了它的庄园。那是一个用几股丝连起来的枯叶建成的隐蔽所。此屋极深，角形蛛除了它那圆乎乎的屁股之外，身子全都隐蔽得看不见了，而它那肥臀却把隐蔽所的大门堵了个严严实实。

它把前半身整个儿地藏进隐蔽所里，根本就看不到它的那张大网，即使它视力再好，而非弱视，它也无法看见猎物。这并不说明，在这阳光普照的时刻，它只顾歇息，不想捕获了，我们再来仔细地观察一下。只见它的一只后步足伸到屋外来，而那根电极线就连在这只足的足尖上。突然间，有只猎物撞到网上，这只步足立刻接收到了震颤的消息，角形蛛睡意顿失，立即惊醒过来，冲了出去。那是我故意放上的一只蝗虫，引得它匆匆地赶来。它见了那只蝗虫后，非常满意，而我则因为刚才所获得的资料，比它更加开心。

第二天，我切断了电极线。然后，我放了两个猎物（一只蜻蜓和一只蝗虫）在那张大网上。蝗虫那带刺儿的长腿拼命地踢蹬着，而蜻蜓的翅膀则一直在颤抖着，几片离蛛网很近的树叶，由于与蛛网框架的丝线连在一起，也跟着摇动个不停。这么大的动静就发生在离角形蛛非常近的地方，却没有引起它的注意来，它根本就没有扭转身子来探看一下发生了什么事情。报警线断了，角形蛛成了睁眼瞎，什么都不知道了，整整一天，它就这么待着，一动不动。晚上八点光景，它爬出隐蔽所来重新织网时，才突然发现这两只天赐猎物。

另外，我也想介绍一下圆网蛛“洞房花烛夜”的情况。圆网蛛同其他昆虫一样，也要交配，也要繁衍子孙后代。不过，这虽然十分重要，可我也不想赘述，因为圆网蛛野性十足，它们神秘的一夜情，很容易变成悲剧性的葬礼。说实在的，我只见过一次蜘蛛交尾，这我还得感谢我的胖邻居——角形蛛，是它给了我这次观察的机会，因为我经常要去拜访它。情况是这样的：八月的第一个星期，晚上九点来钟，天气晴朗，炎热无风。我的这位胖邻居还没织网，一动不动地待在悬挂丝上。此刻本应是忙着干活儿的时候，它却如此悠闲自在，我好不纳闷儿，觉得必定有什么事情发生。果不其然，我看到一只雄蜘蛛从附近的灌木丛中奔来，爬上了缆绳。来者是个侏儒，矮小瘦弱，却跑来向胖夫人献殷勤。这个小东西，待在偏僻的角落里，怎么会知道这儿有一只已达适婚年龄的雌蜘蛛呢？夜深人静，没有呼唤，没有信号，它们是怎么了解到的？大孔雀蝶是闻到神秘的气息，才从方圆几公里的地方飞到我的房间里来，拜访被我罩在玻璃罩下的雌性大孔雀蝶的。今晚的这个小家伙也是个夜间朝圣者，它越过乱七八糟的树叶，准确无误地直奔那位走钢丝的女杂技演员。它具有可靠的指南针在为它指引方向，奔向雌蜘蛛。它在悬挂丝缆上小心翼翼地一步一步地向前爬着，爬到一定的距离，它却停了下来。它在犹豫不决？它还会更靠近些吗？时机成熟了吗？不是的，只见雌蜘蛛举起了步足，来者便吓得连忙走下丝缆。过了一会儿，害怕的劲儿过去了，它又爬了上来，走得更近了些。它这么忐忑不安地来来回回地爬来爬去，正是热恋者的一种求爱的表示。

坚持就是胜利。现在，它俩面对面地停住了：胖夫人一动不动，表情严肃凝重，而侏儒则显得十分激动。它居然胆大包天，竟敢用脚尖去撩拨胖夫人。它也真是太过分了，自己也给吓了一跳，顺着挂在安全带上的垂直线突然坠落下去。这都是顷刻之间发生的事情。现在，侏儒又爬了上来。它心里有数，对方对自己的一再恳求有所让步了。雌蜘蛛在雄蜘蛛的挑逗下，奇怪地跳开了去，用前附节抓住一根丝，向后连翻了几个跟斗，如同体操运动员在单杠上向后滚翻一样。胖夫人这么一翻，大肚子的下部便呈现在侏儒的面前，后者便用触须去触碰了一下。就这么一下，事情便宣告结束了。侏儒见目的已经达到，便匆匆地逃走，仿佛有复仇女神在身后穷追不舍似的。

侏儒走了，新娘从悬挂丝缆上下来，织好网，准备捕猎。必须吃点东西才会有丝，有丝才能织网捕猎，才能织出安家的茧。因此，在洞房花烛夜，尽管心情激动，新娘却无暇歇息。

（本篇选自原著第九卷）

小小实验室：

你知道吗？蜘蛛不仅会造“房子”，还会吃掉自己的“房子”呢！据说它的房子有螺旋丝、辐射丝、框架、休息区等部分。你不妨去小区花园找找蜘蛛网观察下，如果有幸能看到它造“房子”，就更有趣了。

有意思的昆虫习性

松毛虫

这种毛虫已经拥有自己的一部历史，撰写者为雷沃米尔先生。但是，由于条件所限，这位大师所撰写的这部松毛虫的历史存在无法避免的缺憾。他所研究的对象是通过驿车从千里之外的波尔多、从荆棘丛生的荒野之中运来的。这种昆虫离开了它原来的生活环境，它向这位历史学家所提供的生活习性等方面的情况就大打折扣了。研究昆虫的习性，必须就地进行，在它生活的区域进行长期的观察，因为它只有在自己的生活环境中才能尽显其天性。

而雷沃米尔先生用来进行实验和研究的对象，来自法国的西南部，对巴黎的气候环境非常陌生、不习惯，使研究者难以了解到它的许多生动有趣的情节。雷沃米尔先生当时研究的松毛虫就是这么个情况。后来，他对另一种外来的昆虫——蝉——进行研究时，情况依然如此。不过，他从荆棘丛生的荒野中所收集到的昆虫窝巢却是颇有研究价值的。

我所处的环境却对我的研究十分有利，于是，我对松树上成行成串地爬行着的松毛虫重新进行了观察研究。我在自己那荒石园昆虫实验地种了一些树，还特别地种了不少荆棘，有几棵松树长得十分挺拔兀傲，其中有阿勒普松和奥地利黑松。这些松树与荒野里的松树没有任何不同。松毛虫占领它们，在上面编织了自己的大袋囊。这些树的叶子全都被它们糟蹋破坏得够呛，仿佛遭受了火灾似的，令人气愤不已。为了保护树叶，我每年冬天都得仔仔细细地进行检查，用一根分叉的长板条一点一点地捋，彻底清除松毛虫的窝巢。

为了观察方便，我把三十来个松毛虫的窝安放在离我家大门几步远的地方。如果这些窝仍不够用，附近的松树仍可向我提供必要的补充。

我首先观察的是松毛虫蛾卵，雷沃米尔书中没有提到过它。八月上旬，我便站在松树前，观察与我眼睛视线同一水平高度的松树树干，很快便会发现，这儿、那儿，在松针丛中，一些微微呈白色的小圆柱体把郁郁葱葱的青枝绿叶弄得斑斑点点的。那就是松毛虫蛾卵，一个圆柱体就是一个松毛虫蛾母亲的一个卵群。

松树的松针成双成对地聚在一起。一对叶子的叶柄被如同手笼那样的圆柱体形物体包裹着。该物体长三毫米，宽四五毫米，外表如丝一般柔软光滑，白中略显橙黄色，覆盖着鳞片。鳞片像屋瓦似的叠盖着，排列虽然较为整齐，但却不呈几何秩序，外观上看着犹如榛树未曾开花的柔荑花序一般。

鳞片几近椭圆，白色，半透明，底部略呈褐色，另一端则呈橙黄色。鳞片下端又短又尖，较为细小，散乱，上端则较宽大，像被截去一段似的紧固在松针上。无论是风吹还是用刷子反复地刷，都无法让鳞片脱落。从下往上轻轻地扫拂这如同手笼似的圆柱体，那鳞片就会像受到反向摩擦的浓毛一般竖立起来，并一直保持着这种竖立状；如果再朝相反方向摩擦，它们就立即恢复原状。另外，轻轻触摸鳞片的话，它们有如丝绒一般柔软。它们一丝不乱，一片一片地互相贴附着，形成一个保护虫卵的保护层。一滴雨水、一颗露珠都无法渗透进这个“瓦片”保护层。

这个保护层是如何形成的呢？松毛虫蛾母亲蜕去身体的一部分来保护自己产下的卵。它用自己蜕下的皮壳给它的卵做了一个暖暖和和的被套。我们不妨在此引述一段雷沃米尔大师的话：

雌松毛虫蛾身体的尾部有一块发光片。我第一次发现时，它的形状与光泽就引起了我的注意。我拿一根大头针去触碰它，观察它的结构。大头针刚这么一触碰，便立即产生一个令我颇为惊奇的小小的现象：我看见大量的闪闪发亮的小碎片分离开来，四处散落，有的向上飘去，有的向两旁飞落，其中最坚固的那一片，随着一些小片片轻轻地落在了地上。

我所称之为小碎片的那些东西，全都是薄而又薄的薄片，有点像蝴蝶翅膀上的鳞片，但比后者要大得多。雌松毛虫尾部那块引人注目的板片，其实是一个鳞片堆，是一个奇妙的鳞片堆。雌松毛虫似乎是用这些鳞片来覆盖住自己的虫卵的，这是我自己的推断。因为它们并没有告诉我它们是不是用这些鳞片来覆盖自己的虫卵，也没有告诉我其尾部的这个鳞片堆是派什么用场的。

不过，可以肯定的是，它们的这个鳞片堆绝不是毫无用处，绝不只是个装饰，而是有其特定的用途。

是啊，大师，您说得很对。这么厚实又整齐的鳞片堆是不会无端长在昆虫的尾部的。任何事物的存在都必然有其理由。您用大头针一触碰就飞落的这些鳞片，应该是保护其蛾卵的。您的推测合情合理。

我用镊子轻轻一夹，真的夹到了一些有鳞片的浓毛。蛾卵显现出来，像一些白色珐琅质小珠珠似的。它们紧紧地挤贴在一起，形成九个纵向列队。我数了数其中的一个列队，共有三十五个蛾卵。这几排蛾卵几乎一模一样。圆柱体上卵的总数在三百个左右。一个松毛虫蛾母亲拥有一个多大的家庭啊！

一个纵向列队的卵与相邻的两个纵向列队的卵精确无误地交叉贴靠着，不留一点空隙。看上去，犹如用珍珠制作的工艺品，小巧玲珑，巧夺天工，令人惊叹！不过，把它比作排列整齐的玉米更为确切。它就像一个微缩玉米棒，但其排列的几何图形更加优美、漂亮。松毛虫蛾的“穗儿”上的颗粒略呈六角形，是虫卵相互挤压造成的。它们彼此牢牢地黏合在一起，无法分隔开来。如果卵块遭受破坏，它就一片片、一块块地从松针上脱落下来。这些小块全都是由好多的蛾卵组成的，而产卵时产下的珠状物是由一种如漆一样的黏性物质给黏结起来的。保护性鳞片那宽阔的基部就固定在这片“漆”上。

天气晴朗，风和日丽时，观赏松毛虫蛾母亲制作这种如此整齐美观的杰作，观赏卵刚刚产下，这位母亲用一片片从尾部脱离的鳞片来为卵制作“屋顶”，真的是非常有趣的事情。卵并不是呈纵列产下的，而是呈圆形、环状产下的，这一点是显而易见的。这些“环”叠合在一起，让卵粒交替地排列着。产卵是从下面，从接近松树复叶的下端开始的，到上面结束。最早产下的是最下面的圆环的卵，最后产下的则是最上面的那个圆形的卵。鳞片全是纵向排列，而且被朝向树叶的那一端固定住。鳞片的安排布置不会有任何的差异。

让我们仔细欣赏一番我们眼前这座漂亮的“建筑物”吧。无论年老年少，无论有才无才，人人见了这个娇小玲珑的松毛虫蛾穗子，都会啧啧称赞的。让我们印象最深的，并非那像珐琅一般美丽的“珍珠”，而是它们那极其整齐划一、呈几何图形的组合排列。一只小小的松毛虫竟然也在遵循协调一致、和谐有序的规律。

如果米克罗墨加斯①想再一次地离开西里乌斯②的世界，前来访问我们所居住的行星的话，他会在我们中间找到美吗？伏尔泰③书中的描写，让我们看到米克罗墨加斯是如何做的：他把项圈上的一颗钻石取下，制成一个放大镜，用来观察一艘在他的大拇指上搁浅了的三层战舰；他与全体水兵交谈；一片指甲碎片被弯成一个顶篷，把战舰遮盖起来，并且充当聋人的助听器；一根小小的牙签以它那细而长的尖尖触碰那艘战舰，让其一端翘起至一个图瓦兹[4]，碰到巨人的嘴唇；这根小牙签充当受话器。从这场著名的交谈中，可以得出如下的结论：如果想要正确地评判事物，观察事物的新面貌，最要紧的是更换太阳。

这个叙利亚人很可能对我们的艺术之美毫无概念。在他眼里，我们雕塑艺术的杰作，包括出自菲迪亚斯[5]的雕刻刀的杰作，只不过是大理石的或者青铜的玩偶而已。我们的风景画被认为是滥用绿色的令人厌恶的蹩脚画，我们的歌剧音乐被认为是浪费钱财制造噪声的音乐。

当然，米洛岛[6]的维纳斯[7]和贝尔维德尔[8]的阿波罗[9]是绝妙的上等雕塑。但是，要欣赏这些雕刻艺术就需要具有特殊的眼光特殊的见解。米克罗墨加斯看到这些雕刻艺术，对人类的身体之柔弱感到怜悯。在他看来，美是需要有别于我们那青蛙似的肌肉组织的其他东西的。

我们来让米克罗墨加斯看看那种有缺陷的风车。毕达哥拉斯[10]是埃及贤哲们的语录传播者，他教给我们如何观看直角三角形的基本特征。他是一位好心的巨人，对事物却一无所知，所以我们应该向他阐释风车的意义何在。等他的思想开了窍之后，他就会完全像我们一样，发现那其中有着真正的美，当然喽，这种真正的美并不是存在于外观上，而是存在于三种长度间那永恒的关系中。然后，他便会完全同我们一样地去赞赏使体积均衡的几何学。

因此，有一种严肃的美存在着，它属于理性范畴，它在各个阶层中都是相同的。它在所有太阳的照射下都是相同的，无论这太阳是单一的还是繁复的，是白色的还是红色的，是黄色的还是蓝色的。这种普通的美就是秩序。

“世间万物都被制作得恰到好处”，这句话非常伟大。它的真实性随着对事物奥妙的探索而更加显现。这种秩序，这种普遍的平衡基础，是一种盲目的机制产生的无法避免的结果吗？它是否如柏拉图[11]所说，进入了一个永恒的几何学家的规划之中了？它是一个至高无上的美学家的美吗？而这样的美正是世间万物存在的理由。

花瓣的弯曲部分为什么那么整齐匀称？金龟子鞘翅的雕镂花纹为什么那么精巧雅致？这种精巧雅致与它自身暴力行为中的粗野力量能够兼容吗？

凡此种种，都是一些并无多大必要的思考，都是从那儿诞生的松毛虫的卷状物引发出来的。世界之谜当然可以在我们的这座荒石园昆虫实验室找到答案。所以，我们让米克罗墨加斯去考虑他的哲理问题吧，我们还是回到我们那平凡的观察上来。

松毛虫蛾在穿缀珍珠的精巧技艺方面存在着一些对手，其中包括纳斯特里虫蛾。这种虫蛾的毛虫因其“服装”的缘故，被人称为“号衣”。它的卵像手镯似的聚集在不同性质的树木的枝丫周围，尤其是苹果树和梨树。谁要是头一次见到这种极其美妙的工艺品，自然而然地就会联想到心灵手巧的穿缀珍珠的少女。我儿子小保尔每次看见这种小巧玲珑、惹人喜爱的“手镯”时，都会惊讶得双目圆睁，惊叹不已。

纳斯特里虫蛾的环饰较短，特别是它没有壳套，所以让人想到另一种圆柱体来。这种圆柱体已经剥除了鳞片覆盖层。我们先别在它身上多费笔墨，还是来谈我们的松毛虫吧。

松毛虫蛾九月开始孵卵，有的稍早点儿，有的稍晚些，但相差时间不多。为了利于跟踪观察新生幼虫最开始的活动情况，我便在实验室的窗子上放了几根有虫卵的树枝。树枝枝杈的下端浸在一杯水中，以使枝杈保持一段时间的新鲜。

八点钟光景，阳光照到窗子上之前，小毛虫便离开虫卵，我如果稍稍掀起正在孵化的圆柱体的鳞片，就会发现一些黑黑的脑袋正在轻轻地咬破并推开已经撕碎的顶板。这些小东西在慢慢地露出自己的身子。

孵化后，从外观上看去，有鳞片的圆柱体与它住满“居民”时似乎一样的整齐、新鲜。只是在把小碎片稍微掀起来时，才会发现里面根本就没有小虫子了。虫卵仍旧排列整齐，好似一个个稍稍打开的、半透明的白色杯状物。它们现在缺少无边圆帽状的盖子。这个盖子已经被新生幼虫给撕裂了。

这些细小微弱的创造物只有一毫米长。它们呈淡黄色，满身纤毛。其纤毛有短有长，短的呈黑色，而长的则呈白色。它们的脑袋黑黑亮亮的，直径是身子的两倍。下颚一开始就很有劲儿，能咬很硬的食物，与它的大脑袋相得益彰。脑袋大，有硬颚，这就是松毛虫新生幼虫的主要特征。

它们一出生就开始吃食了。幼小的毛虫在摇篮似的鳞片中间漫无目的地爬动一段时间之后，其中的大部分都往摇篮里的松针上爬去。这些松针是它们出生的那个圆柱体的轴心，并且向外伸出去。另外的一些小毛虫便向邻近的松针上爬。它们在松针上啃噬，形成一道道被叶脉所限定的细小的凹陷条纹。

三四条吃饱了的小毛虫，排成一条线，一起爬行，但很快便又各自分开，各逛各的。我们只要稍微打扰它们一下，它们便会轻轻地晃动身体的上半部，脑袋一冲一冲地轻轻晃动着，如同被一点一点放松的弹簧似的。

当阳光照到那喂养幼虫的窗户时，这个小小家庭的成员们在体力得到充分恢复以后，便退往其出生的双叶基地，乱糟糟地聚集在一起，开始吐丝作茧。它们开始制作一个极其精细的气泡，这气泡倚靠在相邻的几个松针上。这是小虫子们的帐篷，似一张很稀疏的网，在毒日当空时，小虫们便在网下休息。下午，阳光从窗子上移开之后，它们全都爬出隐蔽地，一边在四周分散开来，一边在半径仅大拇指那么大的范围内结队爬行，然后再开始啃噬松针。

这样，在虫卵破裂之后不到一小时的时间里，松毛虫幼虫就变成了成串的“爬行者”和“纺纱工”。即使在恢复了体力之后，它们也还是怕光，我们很快便会发现，它们要等到日落之后才会前往叶丛中去。

我们的纺纱工极其瘦弱，但却十分勤劳，它在二十四小时内所制作的丝球竟然大若榛子，而它在两个星期里所制作的丝球则会大若苹果。但这并不是它过冬的居所，只不过是个临时的隐蔽之所。这个隐蔽之所不够坚实，建筑材料十分低劣。在气候宜人的季节里，这种建筑就可以了，无须更高的要求。松毛虫幼虫尽情地啃噬这座建筑物的小梁和小柱，以及包在丝墙里的松针。它在小柱间拉起一条条的线绳，食宿无忧。这个居所条件不错，小虫子不用外出，免得遭遇危险。对于这些幼小的松毛虫来说，这吊床也是它们的食品柜。

支撑的松针被啃噬到叶脉后，就干枯了，很容易脱离枝杈。这时候，松毛虫小家庭举家搬迁，到别处去搭建新的帐篷。新帐篷建好后，使用寿命与前一顶帐篷一样长。这些临时性建筑一再被修建，而且搭建处的位置越来越高，以致这个被圈在下面树枝上的松毛虫家庭，最后迁移到树枝的上端，甚至到达树枝梢头。

幼虫的毛呈淡白色，非常密实，竖起来非常丑陋、瘆人。几个星期之后，它们会进行第一次蜕皮。然后，长出浓密而漂亮的毛来。在其背部表面，除前三个体节外，其他的体节都装饰着一幅由六块裸露的醋栗色小板拼成的镶嵌画，凸显于黑色的皮肤上。六块小板中，两块最大的在前面，两块在后面。几近点状的小板在这个四边形的两边各有一块。一个橙黄色的毛栅栏把这些小板块给围了起来。毛栅栏的毛呈辐射状，几乎是倒伏着的。腹部和胸侧的毛较长，呈淡白色。

在这件深红色细木镶嵌工艺品的中央，矗立着两簇短小的纤毛。它们聚在一起，形成平展展的冠毛，像一粒金色的点，在阳光下闪亮着。这时候，松毛虫已长大，长约两厘米，宽约四毫米。它已到中年，穿的就是上面的这套服装。

时近寒冬，已是十一月份了，该修建坚固御寒的住所了。松毛虫在松树的高处挑选一个松针密集而又恰如其分的枝梢，开始编织丝网，把枝梢覆盖住。这张网使毗邻的松针向内弯曲，接近中轴，最终隐没在编织物中。这么一来，松毛虫便替自己圈起了一个半丝半叶的居所，可以御寒了。

到十二月初时，居所大功告成，有两个拳头那么大，体积达到两升。这儿是居所的轴心，道路宽阔，枝杈有的有瓶颈那样粗。松毛虫在其间无秩序地爬上爬下，慢慢腾腾，一批松毛虫尚未散开，另一批松毛虫又与之聚集在一起，一片乱糟糟、忙乱乱的状况。这就是松毛虫共同体，枝杈挤在一起覆盖着它们。这个松毛虫共同体渐渐地又分散开来，爬到邻近的枝杈上去，啃噬松针。每只松毛虫在爬过去的路上，都在不停地吐丝，宽阔的下行路在它们返回时便成了上行路了。由于它们这么日复一日地在这条路上爬来爬去，使得这条路上覆盖着大量的构成连续鞘套的线。它们这么做，是为了加固建筑物，使之具有深厚的根茎，并与固定不动的树杈连成一体。

该建筑群的上部包括鼓凸成卵形的居室，下部包括柄和蒂，还包括围绕着支撑物并把它的抗力增至其他系杆的抗力中的壳套。

每个未经松毛虫长期居住、没有变形的居室中央，都显露出一个不透明的白色大壳，由一个半透明的薄纱套围着。中央的大壳由密实的线组成，房间的隔板是一块厚厚的莫列顿双面起绒呢。大量的未被触动的绿松针作为围墙隐没于其中，这堵松针围墙可达两厘米厚。

在圆屋顶顶端有一些半开着的圆孔，数量不等，直径如普通铅笔杆儿一般。那是居室的屋门，松毛虫从那儿爬进爬出。这个白色大壳四周，有一些没有被啃噬的松针露出，直立着。每根松针梢都有一些丝线伸出，形成一个曲线，可作秋千用。这些丝线松弛地交织在一起，形成一个轻柔的帷幔，一个优美舒适的宽阔游廊。

那儿有宽阔的平台。白日里，松毛虫便爬到平台上晒太阳，小憩一会儿。

它们相互挤靠着，脊椎弯成圆圈。上面张着的网恍若华盖，既可减弱太阳的强光，又可防止睡觉的松毛虫在风儿摇动枝杈时跌落下去。

我们沿着经脉把这居室剪开来观察。首先给人留下深刻印象的是，被圈于其中的松针未被触动，仍然在茁壮地生长着。幼小的松毛虫在它们的临时住所里啃噬被丝套罩住的松针，直至枯萎。而那圈围墙的松针则是它们居室的房梁屋架，是不可触动的，一旦啃噬，致其干枯，北风一吹，便会房倒屋塌。松树上的纺织工们对这种危险心知肚明，不敢掉以轻心，即使饥肠辘辘，也不敢去锯梁毁屋。

上午十点光景，松毛虫爬出晚上居住的居室，来到灿烂阳光照射着的平台上。平台就在由松针梢支撑着的游廊下面。松针梢之间有一段距离的间隔。松毛虫每天上午都爬到平台上，互相挤在一起睡觉，互相焐着，舒适惬意，还不时地懒洋洋、美滋滋地摇晃一下脑袋，以表示心满意足。晚上六七点钟，它们休息够了，活动一下身子，彼此分手，各自回到自己的居室里去。

这种景象让人看着十分着迷。只见一条条鲜艳的橙黄色斑纹在一大块白丝绸上蠕动，如波浪般此起彼伏。有的往上拱，有的往下爬，有的往左右散去，有的结成短短的队列，成行成串地爬行。一个个全都十分庄重豪迈，却毫无秩序地爬动着，一边不停地把始终挂在嘴唇上的丝绒粘在所经过的地方。

松毛虫把薄薄的一层丝与先前的那层丝并列起来，以增加居室的厚度。邻近的绿色松针被丝网钩拉住，弯进建筑物内。尽管这些松针的尖端不受约束，但从这一点辐射开来，扩大丝网，并把丝网连接成更大的曲线。每天晚上，如果天气很好，你就会看到居室表面熙熙攘攘，一片繁忙，松毛虫一干就是两个小时，让居室更加坚固。

松毛虫的这种未雨绸缪，对严冬采取如此这般的防范行为，难道它们已预见到冬季的难熬了吗？当然不是。尽管几个月的生活经验让它们懂得了点什么，那只不过是经验告诉它们家门口就有美味可口的食物，以及在平台上可以美滋滋地沐浴在阳光下休憩。而直到此时此刻，没有任何情况让它们预知冬季来临。寒风凛冽，冰霜雪剑，日子很不好过。但这些对冬天的苦日子一无所知的松毛虫竟然如此警惕，似乎对冬天将给它们带来什么样的灾难一清二楚。它们那股忙于加固居室的干劲儿，似乎在说："松树摇动它那积满霜的枝形大烛台时，我们在这儿你挨着我、我靠着你地睡着觉，真是舒服惬意啊！让我们加油干吧！"

为了密切地跟踪观察松毛虫的生活习性，我在暖房里放了六个虫窝。每个虫窝由充作其轴心和屋架房梁的树杈固定在沙土上，高度有两件衣服的下摆加在一起那么高。幼虫像分配口粮似的，接受一束小小的松树枝杈。这些细枝嫩叶被啃噬之后，会很快地重新生长出来。我每天晚上都要提着灯笼去查看我的这些寄宿者，由此获得了大量的第一手资料。

松毛虫的晚餐通常一直要延续到深夜，直到吃得肚子圆鼓鼓的才返回自己的窝里去。然后，还要在自己的这个居室里的室面上再纺织一会儿。等到全体松毛虫全都返回室里来，那已经快到凌晨一点了。

一方面，作为饲养者，我的任务是每天必须更换那些已经被啃噬到最后一根针叶的细小枝杈；另一方面，作为博物学者，我要了解松毛虫的饮食变化到了什么程度。松毛虫对树林里的松树、海洋松树和阿勒普松树并不加以区别，它们在其上照爬不误，却从来不在其他针叶树上爬行。可是，似乎所有被树脂的香气弄得十分芳香的树叶对它们都挺合适的。在我的荒石园昆虫实验室里，生长着各种松树代用品：冷杉、紫杉、侧柏、刺柏和其他柏树。可是，尽管这些树也含有树脂的香气，但松毛虫不去啃噬。只有一种针叶树——雪松例外。我的这些寄宿者在吃雪松树叶时，并没显露出丝毫厌恶。为什么雪松可以，其他的就不能充作替代品呢？这我还不清楚。

松毛虫的胃同人的胃一样谨小慎微，这其中必定有什么奥秘。

我们再来研究一下松毛虫居室的结构吧。我在虫窝中部打开一道缝隙。由于劈开的莫列顿双面起绒呢的天然抽缩，这道缝隙在窝里的中部微微张开，宽约两指，上下两部分都缩成了纺锤体。此时正是白天，松毛虫都在圆屋顶上成堆成堆地打盹儿，其居室内空无一人，我可以放心地用剪刀剪裁，不会造成松毛虫的死亡。

天黑了，松毛虫依然没有警觉，帐篷上的裂口并未造成它们的惊恐，它们仍旧在它们的居室表面上爬来爬去的。它们照样在忙乎着，像平时一样地在纺线。它们的行为方式没见一丝一毫的变化。有几条松毛虫在行进中倒是爬到了裂缝的边缘，但它们并不惊慌，也不着急，并无密合起裂缝的意思。它们只是在犹豫着，看看如何越过面前的这个艰难的通道，好继续爬行闲逛。它们在自身长度所允许的范围之内，尽量地把丝线吐得远远的，固定住，以便勉勉强强地越过这道危险的障碍。

它们终于越过了深渊，然后便沉着冷静地继续在缺口边上行进着。这时，又有一些松毛虫爬了过来，像利用人行小桥似的利用已经搭在缺口上的丝绒，爬过缺口，并且还在上面留下了自己吐出的丝线。这么一来二去的，裂缝下面便多了一张纤细的薄纱，薄得几乎看不出来，刚刚够当地居民在上面穿梭往来的。同样的情况在随后的几个晚上重复发生着。渐渐地，这个裂缝便被一张薄薄的蜘蛛网似的网给闭合上了。

冬末时节，不再有什么事了。我用剪刀剪开的窗子仍然半开着，只是有张网在封闭着。在这块有裂隙的织物上，未见一处织补了的地方，未见一片莫列顿双面起绒呢添加在两边裂片之间，屋顶仍旧未被整修完整。这要是在露天野地里，而不是在我的玻璃暖房中，那么，这帮愚蠢的纺织工很可能就被冻死在它们有裂缝的居室里了。

我重复做了两次这一实验，结果都一样，这就说明，松毛虫并未意识到有裂缝的居所之危险。它们似乎并没有意识到自己的劳动成果遭到了破坏。它们并没有把自己的丝节约下来用到修补自己的居室上，在那儿编织与室内其他墙壁一样坚固厚实的布料。

我又一次去打扰我的寄宿者们了。但这一次，我不是搞破坏，而是让它们受益。我很快就发现，住在冬季住所的居民往往比住在由幼小的松毛虫编织的临时掩蔽所里的居民数量要多。我还发现，这些虫窝到了最后，体积大小不同，差别很大，最大的比五六个小的加在一起还要大。这种差异的原因何在?

松毛虫是各式各样的贪馋者所利用的另一个有机物工厂。因此，它们一旦孵化，数量便急骤减少。一口鲜美的食物使几十个幸存者留在了小球状物所形成的薄网周围。松毛虫家庭在这张网里度过秋高气爽的季节，然后，很快就得考虑度过严冬的牢固的帐篷的问题了。这时候，家庭人丁兴旺是大有好处的，人多力量大，联合起来好办事。

我猜想，这里面存在着一个使几户人家融通的办法。它们把自己吐出的丝连成的丝带作为在树上爬动的向导。它们在沿着这条丝带返回时，在上面急速转弯。而这么一转，可能就不再是这同一条丝带了，而是另一条与原来的那一条别无二致的丝带。而这另一条则是通向邻居家的路。迷路的松毛虫仍傻乎乎地在上面爬着，并不知道自己已经是上了另一条道了。

这突然而至的陌生者是否能受到邻家的盛情接待呢？这一点尚需观察。晚上，我把住满了一窝住户的细枝杈剪下来，放在邻近虫窝的松树针叶上，而这松针粮食垛上，松毛虫同样是占得满满的，大大地超载了。于是，我便把驻扎着第一个虫窝的那簇青枝绿叶整个儿地插在第二个满是虫子的枝叶旁，让两簇枝叶的边沿稍微有点交叉混杂。然后，我发现，原住户与外来者没有发生任何的争斗，各自相安无事，埋头吃食。吃饱归巢时，各自又都平平静静地往自己的窝里爬去，如同一直生活在一起的兄弟姐妹似的。

睡觉前，大家忙着纺织，把被子弄厚实一些，然后爬进窝内。第二天、第三天，情况需要的话，我就继续这么做。这样一来，我轻而易举地就把第一个虫窝完全倒空了，让里面的松毛虫悉数进到第二个窝里去了。松毛虫真是宽厚仁爱的虫子，很愿意接纳新的居民。纺织工越多，出的活儿就越多，这真是一条十分正确的为人处世之道。而被送走的松毛虫，对自己的旧居并无依恋不舍的表示，它们到了别人家里，就像在自己的家里一样。它们根本就没有尝试返回到原先的窝里去。这绝不是回家的路途遥远所致，因为两处居所相距不足两件衣服下摆的长度。

松毛虫此时此刻尽管彼此和平共处，相安无事，但是它们也同其他昆虫一样，也会因利害所致排斥异己。松毛虫蛾母亲将要离群索居，唯恐会失去自己将在上面产卵的松树针叶。雄蛾扑扇着翅膀，为争得它们所垂涎的雌蛾而争斗。这毕竟是它们在交尾期里经常发生的打斗，对于这些温厚宽容的虫子来说，也还算是比较激烈的。

松毛虫几乎是无性的，这是它们相互间得以和睦相处的主要原因。可是，光凭这一点还不够。完美的和谐还需要在全体成员之间平均分配力量、才能、劳动本领等。这些条件也许支配着其他的昆虫，而松毛虫则全都具备上述条件。所以，尽管同一个窝里可能生活着成百上千的松毛虫，但它们在上述条件方面，几乎难分伯仲。所有的松毛虫力气相同，身材相同，服装相同，纺织本领相同，干劲相同，它们把自己丝壶里装着的东西全都吐出来，用于集体的福利事业。在干活儿的时候，人人卖力，个个争先，从不懒散拖沓。除了因完成自己的职责而感到满足之外，没有别的什么可以刺激它们的。松毛虫的队伍里，没有能干与笨拙之分，没有强大与弱小之分，没有贪馋与克制之分，没有勤劳与懒惰之分，没有注意节约与大肆挥霍之分。这是一个真正平等的世界，可惜的是，这只是松毛虫的世界。

现在，我们再来说说松毛虫爬行时那有趣的行进行列。因为巴汝奇心怀叵测地把一只头羊扔进大海，弄得商人丹德诺的羊全都跟着这只头羊跳进了大海[12]。按照拉伯雷的说法，这是因为绵羊是世界上最愚蠢、最荒谬的动物，天性让它们总是跟在头羊后面盲目地走着。松毛虫则并非因为愚蠢荒谬，而是出于需要，它们比绵羊更加盲从，第一条松毛虫爬到哪儿，其他的松毛虫全都排成整整齐齐的行进行列，像朝觐者似的，整齐肃穆地往前爬去，中间绝不会出现空当。它们的行进行列犹如一条连绵不断的细带子。每一条虫子都与自己身前身后的两条松毛虫首尾相接。领头的松毛虫随心所欲地游游荡荡，爬出一条复杂多变的曲线来，其他的松毛虫则一丝不苟地沿着它那弯来绕去的线路爬行。可以说，古希腊前往埃略西斯城朝拜墨忒耳神庙[13]的朝觐者的宗教仪式行列与之相比，也略逊一筹。不过，松毛虫只是在绷得紧紧的“钢丝绳”上走钢丝，它一边前进，一边铺设钢丝轨道。领头的那条松毛虫不断地在吐丝，把丝固定在它随心所欲地弯来绕去的道路上。它留下的丝路细得很，即使用放大镜去细细观察，也只是依稀可辨。

第二条松毛虫踏上这座独木桥的同时，也在吐丝，从而使桥的厚度增加了一倍。第三条松毛虫又继续替桥加固加厚，就这么一个接一个地用它们的丝在这座桥上涂上胶质物。最后，这个松毛虫行进队伍过去之后，身后就留下了一条狭窄的带子，这带子晶莹白亮，在阳光下闪烁着。这是一项与大家息息相关的工程，每条松毛虫都为之献出了自己宝贵的丝。那么，它们为什么这么浪费自己的丝呢？我从它们前进的方式中悟出了两个理由。松毛虫在夜间去啃噬松针，它们在暗暗的黑夜里，爬出位于枝梢的居室，沿着裸露的树枝，一直下到下一根尚未被啃噬的分枝。随着上一根被啃得干干净净，下一根的位置就越来越低，松毛虫必须爬到那根尚未被触动的小树枝上，在绿色丛中分散开来，分头啃噬。等到用餐完毕，夜晚更加寒冷了，虫子们也该返回窝里去躲藏起来。沿着直线爬行，这段归程并不算长，还不足两臂相加的长度，但是，我们的这些爬行者却无法跨越。它们必须从一个十字路口下到另一个十字路口，从松针下到小枝杈，从小枝杈下到小枝，从小枝下到大枝，再从大枝经过一条同样拐来拐去的小路，爬回自己的居室。这条归途，漫长曲折，变化多端，靠视觉认路根本就不可能。松毛虫头的两侧有五个视觉点。在放大镜下面，它们都显得极其细小，难以辨认，所以这些视觉点看不远。再说，夜里黑黢黢的，它们的这种近视透镜又能起什么作用？

另外，松毛虫的嗅觉极其迟钝，靠嗅觉引路也是不可能的。我做实验时，有几条饥不择食的松毛虫就为我提供了佐证。这些饿了很久的松毛虫，经过一根小松树枝的时候，没有显露出丝毫贪馋和止步不前的迹象。由于触觉在为它们提供信息，尽管饿得不行，只要自己的嘴唇没有偶然触到这个丰饶的牧场，没有一条松毛虫会止步不前。它们不会向嗅到的食物爬去，而只是在挡道的小枝上停留下来。

那么，视觉和嗅觉全都被排除了，什么能引导松毛虫回到窝里去呢？那就只有它们沿路吐丝所织成的丝带了。在克里特岛的迷宫中，忒修斯[14]要是没有得到阿里亚德涅[15]给他的一团线绳的话，他是不可能走出迷宫的。松树上的那堆横七竖八、乱七八糟的松针同弥诺斯迷宫[16]一样，错综复杂，无法爬出来，在黑夜里尤其如此。因此，松毛虫是借助自己铺设的那一条细窄的小丝路在松针丛中爬行而不致迷路的。在归途中，每一条松毛虫都轻而易举地便找到了自己的那根丝线，或者相邻的那条丝线。这条小丝带与邻近的松毛虫群织成的一条条丝带交织在一起，形成一个扇形。这个分散开来的部落渐渐地集合在那条共同的带子上，排成直行，呈仪式队列，而这条带子的起始点或者称之为终极点，就是松毛虫的居室。这个饱饱地大啃大嚼了一顿的松毛虫商队，沿着这条丝带，一定不会迷路，可以顺利地回到自己的家园。

白日里，哪怕是在寒冬腊月，每当天气晴朗的时候，松毛虫甚至有时会长途跋涉，进行探险。它们从树上下到地上，结队行进五十来米。它们这并不是外出觅食，因为它们出生地的那棵松树上仍旧枝叶繁茂，未被吃光啃尽，已经被它们吃尽了的那根小枝与整棵大松树比较起来，算不了什么。而且，尽管黑夜尚未完全结束，但它们已开始停止咀嚼了。它们下到地上来，根本没有什么特殊的目的，只不过是进行一下有益健康的散步，看看周围有些什么新鲜玩意儿，也许还想查看一下那块沙土地，因为它们以后将要在那沙土地上换形变态。很显然，它们这种大规模的活动，起引导作用的仍旧是那小丝带。离家这么远，那丝带的作用就更不可小觑。所以，每只松毛虫都必须尽力地吐丝，为这丝绸之路尽自己的一份力量。每行进一步，一个个全都不遗余力地吐丝铺路，这已经成了一条不成文的规定了。

如果这种结队行进的宗教仪式行列很长，那么这丝绸之路就很宽很阔，容易找到。不过，在返回时，找起来也要费点周折的。因为，我已经说过了，行进中的松毛虫不是整个身子直直地翻转过来的，它们是无法做一百八十度的转弯的。所以，为了踏上原先的路，松毛虫就不得不像画鞋带似的行进着。领头的松毛虫随心所欲地决定这条丝带的弯曲程度和长短宽窄。它在摸索之中前行，行动路线游移不定，弄得众松毛虫不得不风餐露宿。但这也无大的妨碍，因为松毛虫会聚集在一起，蜷缩成团，彼此紧紧地依偎着，一动不动。等到第二天，旭日东升，再去探路。寻找的过程有快有慢，但最终还是会很走运的，它们弯弯曲曲地爬来爬去，往往突然之间便碰到了那条来路。一些领袖找到了回归路，众松毛虫便急匆匆地上路了，紧赶慢赶地往家园赶去。

另外，这些用来铺设路径的细丝，用途十分明显。为了免遭寒冬劳作时必然会遇到的寒风霜雪的侵袭，松毛虫会为自己建造过冬的隐蔽所。这时的松毛虫已经孤孤单单，丝囊中的存货严重不足。于是，众松毛虫便积少成多，集腋成裘，成千上万的松毛虫通力合作，共同修建宽敞持久的工程。

工程耗时费力。松毛虫每晚都在对工程进行加固、扩大。每条松毛虫无论住得远住得近，都会凭借丝线的指引奔往干活儿的地点，从上下左右，从一簇或另一簇细枝赶来。丝线是这个群体的绳带，是维护这个共同体成员的团结一致、齐心协力所不可或缺的网。

没有什么事情能够把领头的松毛虫与它的跟随者们分开。它排在仪式行列的最前头纯属偶然，它是这支爬行队伍的临时军官，是它们现任的总指挥。过一会儿之后，如遇到意外情况，大家分散开来，然后再依不同次序重新排列成行时，担任总指挥的可能又变成另一条松毛虫了。

领头的松毛虫在行进时，显得摇摆不定，犹豫不决，身子的前半部忽而伸向这边，忽而又伸向那边，似乎在探测地形，寻找路径，也许是因为道路不熟，缺少一根引导的丝线。而跟随在它身后的随从们，却驯服而平静，它们脚爪间的细带子让它们心里感到十分踏实，不像自己的总指挥，因为缺少这根引导线的支持，心中没底，感到惶恐。

行进行列的长短千差万别。我曾见到过在地上操练得最美的行列，长达十二米，有将近三百条松毛虫。它们排列成波浪形的带子，规矩而整齐。从二月份起，我的暖房里便出现了各种大小的队列。我想试探一下，把它们的总指挥弄走，把丝线弄断，看看会出现什么样的后果。

取消行进行列的头领之后，倒也没有发生什么大的变化，第二条松毛虫立即便成为总指挥了。如果没有出现什么麻烦的话，队伍的行进速度不会有任何的改变。那第二条松毛虫一旦成为队长，立即便了解了自己的引导者的职责，开始探索着，领导众松毛虫往前爬去。

丝带断了也无伤大雅。我把行进行列中央的一条松毛虫拿开，并轻手轻脚地截掉这条松毛虫所占有的那一截丝带，还把它剩下的最后一点丝线给抹掉。这样一来，一队行进行列一分为二，成了两支队伍，互不依赖，又各有各的队长。后面的这支队伍也可能会与前头的队伍会合，因为毕竟二者之间的间隔很短，那样的话，又恢复成一个长长的行进行列了。但往往一分为二后就不再合二为一了。这两支队伍各行其是，各走各的，随心所欲，越离越远。然而，不管怎样，两支队伍的松毛虫无论游荡到哪儿，迟早都会在截断处找到那条引路的带子，回到自己的居所中去。

我做了上述两个实验之后，又开始思考着再做一个有概括性的实验。我打算在把连接着道路并可能改变道路的丝带破坏之后，再让松毛虫画一个封闭的圆圈。松毛虫会像火车扳过道岔后继续向前吗？还是在圆圈上打转儿，永远也走不到目的地？

我首先想到的是，用镊子把行进行列的尾部的丝带夹住，不让它抖动或弯曲，然后把它放到队伍的前头。如果总指挥加入这个行列，便大功告成，其他松毛虫必然紧随其后，忠实地往前爬着。但理论上容易，操作起来却十分困难，因为这根丝带极为纤细，稍微粘点沙末，就会被沙末坠断。即使不断，只要稍有振动，后面的松毛虫就会警惕起来，缩成一团，甚至舍弃这条丝带。

更加困难的是，领头的松毛虫拒不接受为它安排的那条丝带。它对被截断的、置于其前的这条带子满腹狐疑。它东看西看，扭来扭去，然后便溜到旁边去。我把它又弄了回来，逼它就范，但它拼命挣扎，缩成一团，一动不动。随即，整个行进行列全都受到了它的影响，无奈之下，我只得罢休。

一八九六年一月的最后一天，将近晌午时分，我突然间发现有一长列的松毛虫在窗台上，向它们所喜爱的花盆盆沿爬去。一条接一条的松毛虫缓慢地爬上那只大大的花盆。上了盆沿之后，便排成了整齐的行进行列。这时候，我又看见另外一些松毛虫也陆陆续续地爬过来了，形成了一个长长的大队。我在等待着这条细丝带闭合起来，也就是说，等着那个始终沿着盆沿边爬行的总指挥回到它在盆沿开始绕圈的起始点。一刻钟的工夫，这条环形路轨便铺设成功了。这么一来，这个连续不断的环形行进行列就不再有头领了。每条松毛虫前都有另外一条在爬行，在丝的轨迹的引导下，紧跟着前面的同伴。这条轨迹是集体努力的战果。大家都规规矩矩地在铺设好的路上行走着，绝对服从并完全信赖原本应当为它们开路实则已被我巧妙地取消了的向导，因为每条松毛虫都既是头领又是随从了。这条丝绸之路在逐渐加厚加宽，变成了一条窄带，起点与终点相会，没有任何的支线，因为稍有一点分支，我就立即用刷子把它刷去。花盆盆沿上的松毛虫就这么不停地转着圈，致使那条丝绸之路竟然成了一条两毫米宽的丝带，非常漂亮。我计算过，它们的平均速度为每分钟九厘米。行进途中，因气温的由暖变凉或过分劳累而速度放慢。它们已经走了十小时了，也该饿了。我把一大束松枝放在近旁，绿油油的，简直就是一片天然牧场。但是，可怜的松毛虫并没有爬向牧场，而是仍旧在老老实实地沿着那条已成形的丝绸之路绕着圈子。第二天，天一亮，我就去探望它们，但它们仍旧是那么排列着，只是一动不动了。太阳出来，气温上升，它们才摆脱麻木状态，活泛起来，又像头一天那样沿着圆圈爬行了。就这样，一连五天五夜，这支松毛虫队伍不吃不喝，只是偶尔歇息一番，始终坚持在那条道上。最后，疲劳倦怠使它们变得混乱了。有不少松毛虫因腿脚带伤，不肯前进，行进行列的断裂现象在不断地增多，形成了好几个截段，每个截段便出现了一个首领。各个首领都在东探西寻，像是要找出一条脱身之路。但是，直到夜幕降临，所有的松毛虫又恢复成了一个行进行列，无休止的画圆行动又开始了。直到第八天，有些松毛虫头领（因为其间又出现过截段）沿着头两天探路时留下的一些短小的丝路，从盆沿上爬下来。渐渐地，其他的松毛虫也就跟随其后下了花盆，全部回到了自己的住所。

现在，我们来粗略地计算一下，松毛虫在花盆盆沿上待的时间应该是七个二十四小时。扣除它们因疲劳或夜晚的寒冷所导致的休息时间，就算去掉一半，也走了有八十四小时。按其平均每分钟爬行九厘米计算，总行程应为四百五十三米，几乎有半公里的路程。大花盆的周长为一点三五米，那么，松毛虫在这个始终走不到头的圆圈里，始终朝着一个方向转了有三百三十五次。因此，我们可以看出，松毛虫得以脱身，纯属偶然。如果不是截段的某些头领另外探了一点不长的路径的话，那么，它们就会这样走下去，至死方休。

（本篇选自原著第六卷）

注释：

①米克罗墨加斯：伏尔泰的一部哲理小说中的主人公，类似于英国作家斯威夫特的小说《格列佛游记》中的主人公格列佛。

②西里乌斯：天狼星。

③伏尔泰（1694—1778)：法国启蒙运动思想家、作家、哲学家。

④图瓦兹：法国旧时的长度单位，一图瓦兹约等于一点九五米。

⑤菲迪亚斯（约公元前 490—前 430)：希腊著名的雕刻家。

⑥米洛岛：希腊岛屿名。

⑦维纳斯：罗马神话中爱与美的女神。

⑧贝尔维德尔：梵蒂冈收藏艺术珍品的宫殿。

⑨阿波罗：希腊罗马神话中司阳光、智慧、音乐、诗歌的神，即太阳神。

⑩毕达哥拉斯（约公元前 580—前 500)：古希腊哲学家、数学家。

⑪柏拉图（公元前 427—前 347)：古希腊哲学家。

⑫巴汝奇和丹德诺：法国著名作家拉伯雷的名著《巨人传》中的人物。此处为该书中的情节。

⑬墨忒耳神庙：埃略西斯城位于雅典西北部，是一座古城，城内建有谷物女神墨忒耳的神庙。古希腊时期，每年会有大批大批的朝觐者不断地前往朝拜，排成长长的队伍，整齐肃穆。

⑭忒修斯：希腊神话中的雅典国王。

⑮阿里亚德涅：希腊神话中克里特岛之王弥诺斯的女儿，忒修斯的情人。

⑯弥诺斯迷宫：弥诺斯的孙子在克里特岛上所修建的迷宫。

大孔雀蝶

这是一个难忘的晚会。我将把它称作大孔雀蝶晚会。谁不认识这美丽的蝴蝶？它是欧洲最大的蝴蝶，穿着栗色天鹅绒外衣，系着白色皮毛领带。翅膀上满是灰白相间的斑点，一条淡白色之字形线条穿过其间，线条周边呈烟灰白，翅膀中央有一个圆形斑点，宛如一只黑色的大眼睛，瞳仁中闪烁着黑色、白色、栗色、鸡冠花红色等呈彩虹状的变幻莫测的色彩。

它体色模糊泛黄的毛虫也同样美丽好看。它那稀疏地环绕着一圈黑纤毛的体节末端，镶嵌着青绿色的珍珠。它那粗壮的褐色茧形状极其奇特，口部状如渔民的捕鱼篓，通常紧贴在老巴旦杏树根部的树皮上。这种树的树叶是其毛虫的美味食物。

五月六日那天早上，一只雌性大孔雀蝶在我面前的实验室桌子上破茧而出。它因孵化时的潮湿而浑身湿漉漉的，我立即用金属网罩把它罩了起来。我也是灵机一动才这么做的，因为我还没有针对它的特殊安排。我只是凭着观察者的简单习惯，把它关了起来，时刻密切注意可能会出现的情况。

我很有运气。晚上九点钟光景，全家人都躺下睡觉了，我隔壁房间传来乱糟糟的一阵响动。小保尔没怎么穿衣服，来回走动，又蹦又跳，跺脚踢物，弄翻椅子，简直像疯了似的。只听见他在喊我。“快来呀，”他在大声喊叫，“快来看这些蝴蝶呀，像鸟儿一样大！房间里都飞满了！”

我赶忙奔过去。一看，怪不得孩子会那么兴奋，那么乱喊乱叫。那是从未发生过的擅闯民宅，是巨大的蝴蝶的入侵。有四只已经被抓住，关进了麻雀笼里。还有大量的蝴蝶在天花板上飞来飞去。

见此情景，我立刻想起了早晨被我关起来的那只雌性大孔雀蝶来。“快穿上衣服，孩子，”我对儿子说，“把你的笼子放那儿，跟我走。咱们去看看稀罕玩意儿。”

我们再往下走，来到住宅右翼我的实验室。在厨房里时，我碰见保姆，她也被眼前发生的事弄得惊愕不已。她在用她的围裙驱赶一些大蝴蝶，一开始她还以为是蝙蝠呢。

看起来，大孔雀蝶已经差不多把我的住宅全都占据了。这肯定是那只被囚的雌性大孔雀蝶引来的，它周围的那方天地会成什么样儿了呀！幸好，实验室的两扇窗户有一扇是开着的，道路通畅。

我们手里拿着一支蜡烛，冲进了房间。我们第一眼所见简直终生难忘。一群大蝴蝶轻拍着翅膀，围着钟形罩飞舞，落在罩子上，忽而又飞走，然后又飞回来，再飞向天花板，继而又飞下来。它们扑向蜡烛，翅膀一扇，蜡烛灭了。它们又扑向我们肩头，钩住我们的衣服，轻擦着我们的面孔。这屋子简直成了一个巫师招魂的秘窟，成群的蝙蝠在飞舞。为了壮胆，小保尔紧攥住我的手，比平时用力得多。

它们有多少只呢？将近二十只。再加上误入厨房、孩子们的卧室和其他房间的，总数将有四十只。我要说，这是一次难忘的晚会，一次大孔雀蝶的晚会。它们不知是如何得知消息的，从四面八方赶来。其实，那是四十来个情人，急不可耐地赶来向今晨在我实验室的神秘氛围中诞生的女子致意。

今天，我们就别再多打扰这一大群追求者了。蜡烛的火焰伤着了这群来访者，它们冒冒失失地向火上扑去，烧着了点身子。明天我将用一份事先拟订的实验问卷再来进行这项研究。

现在，我们先来整理一下思路，来谈谈我观察的这一个星期里的所有情景中重复见到的情况。每次都发生在晚上八点到十点之间，蝴蝶们是一只一只飞来的。这是暴风雨天气，天空乌云翻滚，一片漆黑，花园里，露天地，树丛内，伸手不见五指。

对于这些到访者来说，除了这漆黑之夜以外，住所也难以进入。房屋掩映在一些高大的梧桐树下，屋前是一条两边长着厚厚的丁香和玫瑰树篱的甬道，像外前厅似的屋前还有丛丛松树和杉柏帷幕在抵挡凛冽的西北风的侵袭。大门不远处还有一道小灌木丛形成的壁垒。大孔雀蝶要赶到朝圣地就必须在漆黑的夜晚穿越这杂乱的树枝屏障，左冲右突，迂回前进。

在这样的情况下，猫头鹰都不敢离开它那油橄榄树的巢穴贸然闯入。而大孔雀蝶装备精良，长着多面的光学小眼睛，比大眼睛的猫头鹰技高一筹，敢于毫不迟疑地勇往直前，并顺利通过，没有发生碰撞。它迂回曲折地飞行着，方向掌握得非常之好，所以尽管越过了重重障碍，抵达时仍精神抖擞，大翅膀没有丝毫的擦伤，完好无损。对于它来说，黑夜中的那点光亮已足够了。

即使我们认为大孔雀蝶具有某些普通视网膜所没有的特殊视觉，这种异乎寻常的视觉也不会是通知在远处的它飞来这里的东西。远远的距离和其间的遮挡物肯定使这种视觉起不了这么大的作用。

再说，除非有迷惑性的光的折射——这儿并不是这种情况——大孔雀蝶会直扑所见到的东西，因为光线的指引是非常准确的。不过大孔雀蝶有时也会出错，但错的不是要走的大方向，而是引诱它前去的所发生事情的确切地点。我刚才说过，孩子们的卧室是此时此刻到访者们的真正目的地——我的实验室的对面，在我们秉烛闯入之前，已经被一群蝴蝶占据了。它们肯定是因情急搞错了。在厨房里也是一样，也有一群满腹狐疑的蝴蝶，因为在厨房里有一盏灯，挺亮，对于夜间活动的昆虫来说是一种无法抗拒的诱惑，所以它们可能因此迷了路。

我们只考虑黑暗的地方吧。在这种地方迷失方向者也不在少数。我在它们要前往的目的地附近几乎到处都发现一些。因此，当被囚雌性大孔雀蝶身陷我的实验室时，蝴蝶们并不是全都从那个直接而可靠的通道——开着的窗户——飞进来的，那通道离钟形罩下的女囚只不过三四步远。有不少是从下面飞进来的，它们在前厅四处乱窜，顶多飞到了楼梯口，可那是一条死路，上面有一个门关着，进不去的。

这些情况说明，赶来求爱的大孔雀蝶们并没有像普通光辐射告诉它们之后它们所做的那样（这些光辐射是我们的身体能感觉到或不能感觉到的），直奔目标飞来。另有什么东西在远处告诉它们，把它们引到确切地点附近，然后让最终的发现物处于寻找和犹豫的模糊状态之中。我们通过听觉和味觉获得的信息差不多也是这种情况，当必须准确地弄清声音或气味的来处时，听觉或味觉却是很不准确的。

发情期的大孔雀蝶夜间朝圣时究竟是靠什么样的信息器官呢？人们怀疑它们的触角。雄性大孔雀蝶的触角似乎确实是用它们那宽阔的羽状薄翼在探测。这些美丽的羽饰只是一些普通的服饰呢，还是也起着一种引导求爱者找寻气味的作用呢？似乎不难进行一个带结论性的实验。咱们不妨来试一试。

入侵发生的翌日，我在实验室里找到了头天夜袭的访客中的八位。它们在关着的那第二扇窗户的横档上盘踞着，一动不动。其他的在一番飞舞尽兴之后，于晚上十点钟光景从进来的那个通道，也就是日夜全都敞开着的那第一扇窗户飞走了。这八只坚忍不拔者正是我要做的实验所必需的。

我用小剪刀从根部剪掉大孔雀蝶的触角，但并未触及它们身体的其他部位。它们对这种手术并未有什么反应。谁都没有动，只不过稍稍抖动了一下翅膀。手术非常成功：伤口似乎不怎么严重。被剪去触角的大孔雀蝶没有疼得乱飞乱舞，这对我的实验计划最好不过了。一天结束了，它们一直静静地一动不动地待在窗户的横档上。

余下要做的还有另外几项事情。特别是当被剪去触角的大孔雀蝶在夜间活动时，应给女囚换个地方，不让它待在求爱者们的眼皮底下，以保证研究的成果。因此，我把钟形罩和女囚搬了家，把它放在地上，在住宅另一边的门廊下，离我的实验室有五十来米。

夜幕降临，我最后一次查看了一下那八只动过手术者。有六只已经从敞开着的那扇窗户飞走了；还留下两只，但是已经摔在了地板上，我把它们翻过来，它们仰面朝天，都没有力气翻转身子了。它们已精疲力竭，奄奄一息。可别责怪我的手术不好。即使我不用剪刀剪去它们的触角，它们照样会衰老垂危的。

那六只大孔雀蝶精力充沛，已经飞走了。它们还会飞回来寻找昨天引它们飞来的诱饵吗？它们没有了触角，还能找得到现已移往别处、离原先的地点挺远的那只钟形罩吗？

钟形罩放在黑暗之中，几乎是在露天地里。我时不时地拿着一只提灯和一个网跑过去看看。来访者被我捉住，辨认，分类，并立即在我关上了门的相邻的一间屋子里放掉。这样做可以精确地计数，免得同一只蝴蝶被计算上好几次。另外，这临时的囚室宽敞空荡，绝不会损伤被捉住的蝴蝶，它们在囚室里会觉得很安静，而且有很大的空间。在我以后的研究中，我也将采取类似的安全措施。

十点半，再没有到访者了，实验结束了。我捉住的一共是二十五只雄性，只有一只是失去触角的。昨天被动过手术的那六只大孔雀蝶，身强力壮，得以飞出我的实验室，回到野外，其中只有一只回来寻找那只钟形罩。如果必须肯定或者否定触角的导向作用，那我尚不敢信任这种收获不大的结果。让我们在更大的范围内再做一番实验吧。

第二天早上，我去查看头一天被捉住的俘虏们。我看到的情况并不令人鼓舞。有许多都落在地上，几乎没有了生气。我把它们用手指夹住时，有几只只是略微有点生命的气息。这些瘫痪了的囚徒还能有什么用处？咱们还是试一试吧。也许到了寻欢求爱的时刻，它们又会恢复生气的。

有二十四只新来的接受了截去触角的手术。先前被剪去触角的那一只被剔除了，因为它差不多已奄奄一息了。最后，在这一天剩余的时间里，监狱的大门是敞开的，谁想飞走就飞走，谁想去赴盛大晚会就去参加吧。为了让飞出去的接受试验，它们在门口必然会遇见的那只钟形罩又被挪了地方。我把它放置在一楼对面那一侧的一个套间里。当然，这个房间进出是自由的。

这二十四只被剪去触角者中，只有十六只飞到了外面。有八只已精疲力竭，不多久就会死在这儿。飞走的那十六只中，有多少只晚上会回来围着钟形罩飞舞呢？一只也没有。第二晚我只逮着七只，全都是新飞来的，也全都是羽饰完整的。这一结果似乎表明剪去触角是较为严重的事。不过，我们还是先别忙着下结论：还有一个疑点，而且是很重要的疑点。

“瞧我这副德行吧！我还敢在别的狗面前露面吗？”刚被别人无情地割掉两只耳朵的小狗莫弗拉说。我的蝴蝶们会不会有小狗莫弗拉同样的担忧？一旦失去美丽的装饰，它们就不再敢出现在其情敌们面前向雌性示爱吗？这是它们的惶恐吗？是它们少了导向器的缘故吗？是不是因为久等而未能如愿所致，因为它们的狂热是短暂的？实验将解答我们的疑问。

第四天晚上，我捉到十四只蝴蝶，全都是新来者，我逐个地把它们关在一间房间里，它们将在里面过夜。第五天，我趁它们习惯于昼间歇息不动之机，把它们前胸的毛拔掉少许。拔去这么一点点毛对昆虫无伤大雅，因为这种丝质的下脚毛很容易长出来，所以不会伤及它们在要回到钟形罩前的时刻到来时所必需的器官的。对于这些被拔毛者这算不了什么，可对于我来说，这将是我识别谁来过、谁是新来者的重要标记。

这一次没有出现精疲力竭、无法飞舞者。入夜，十四只被拔毛者飞回野外去了。当然，钟形罩又挪了地方。两个小时里，我逮住二十只蝴蝶，其中只有两只是拔过毛的。至于前天晚上被剪去触角的大孔雀蝶，一只也没有出现。它们的婚期结束了，彻底结束了。

在有拔过毛标记的十四只中，只有两只飞回来了。其他的十二只虽然有着我所推测的导向器，有着它们的触角羽饰，但为什么没有回来呢？另外，在囚禁了一夜之后，为什么总是有那么多被证实为体力不支者呢？对此我只有一个回答：大孔雀蝶被强烈交尾的欲望迅速地耗得精疲力竭。

大孔雀蝶为了结婚这个它生命的唯一目的，具备了一种奇妙的天赋。它能飞过长距离，穿过黑暗，越过障碍，发现自己的意中人。两三个晚上的时间里，它用几个小时去寻觅，去调情。如果不能遂愿，一切全都完了：极其准确的罗盘失灵了，极其明亮的灯火熄灭了。那今后还活个什么劲儿呀！于是，它便缩到一个角落里，清心寡欲，长眠不醒，幻想破灭，苦难结束。

大孔雀蝶只是为了代代相传才作为蝴蝶生存的。它对进食为何事一无所知。如果说其他的蝴蝶是快乐的美食家，在花丛间飞来飞去，展开其吻管的螺旋形器官，插入甜蜜的花冠的话，那大孔雀蝶可是个没人可比的禁食者，完全不受其胃的驱使，无须进食即可恢复体力。它的口腔器官只是徒具形式，是无用的装饰，而非货真价实、能够运转的工具。它的胃里从未进过一口食物：如果它不是活不长的话，这可是个绝妙的优点。灯若想不灭就必须给它添油。大孔雀蝶则拒绝添油，不过它也就因此而活不长。只两三个晚上，那正是配对交欢最起码的必需时间，这就是一切：大孔雀蝶也就寿终正寝了。

那么失去触角的大孔雀蝶一去不复返又是怎么回事呢？它们是否在证明没有了触角它们就无法再找到那只女囚所在的钟形罩呢？绝对不是。如同被拔掉毛身体受损但安然无恙的昆虫一样，它们也在宣告自己的寿命已经终结了。它们无论被截肢还是身体完整者，现在皆因年岁大的缘故而派不上用场了，它们的存在与不存在已无意义。由于实验所必需的时间不够，我们未能了解到触角的作用。这种作用先前让人摸不着头脑，今后仍旧是一个疑团。

我囚禁在钟形罩下的那只雌性大孔雀蝶存活了八天。它根据我的意愿，每晚在居住处的一隅或另一处，为我引来数目不等的一群造访者。我用网随到随捕，然后立即把它们关进封闭的房间，让它们过夜。第二天，它们起码要在喉部被剪掉些羽毛，以做标记。

来访者的总数在这八天当中高达一百五十只，考虑到今后两年为了继续这项研究必需的资料，我要费劲乏力地去寻找这种活物的话，这个数目可真让人瞠目结舌。大孔雀蝶的茧在我住所附近虽说并非找不到，但至少十分罕见，因为其毛虫的栖息地老巴旦杏树并不太多。那两年的冬天，我对这些衰老的树全都一一检查过，翻查它们那藏于一堆杂乱的木本植物中的树根，可我有多少次都无功而返，空手而回呀！因此，我的那一百五十只大孔雀蝶是从远处，从很远的地方，也许是从方圆两公里以外或更远的地方飞来的。它们是如何获知我实验室里的情况而纷纷前来的呢?

有三个信息因子是易感性的决定条件：光线、声音和气味。大孔雀蝶从敞开的窗户飞进来之后，视觉在指引着它，但仅此而已。在进来之前，在外面那未知的环境中则不然！说大孔雀蝶具有猞猁那种穿墙视物的视觉是不足以说明问题的，还必须解释为什么它有一种敏锐的视觉，能够神奇地看见几公里之外的东西。这个问题太大太难，咱们别去讨论了。

声音同样与此无关。胖胖的雌性大孔雀蝶虽能够从很远的地方招引来情人，但它是静默无语的，连最敏锐的耳朵也听不见它的声音。说它春心萌动，激情颤抖，也许可以用高倍显微镜观察到，严格地说，这是可能的。

但是，我们不要忘了，到访者应该是在很远的距离之外，在数千米之外获得信息的。在这种情况下，我们就别去考虑声学的因素了，否则的话，就无宁静可言，周围一定是乱哄哄一片。

剩下的就是气味了。在感官范畴内，可以说气味的散发比其他的东西更能解释为什么蝴蝶们会稍作迟疑之后便纷纷前来追逐吸引它们的那个诱饵。是否确实有这么一种类似于我们称之为气味的散发物呢？这种散发又是极其难以发觉的，是我们所感觉不到可又能让比我们的嗅觉更敏锐的嗅觉感觉出来的。得做一个实验，这实验极其简单，就是把这些散发物掩藏起来，用更浓烈而持久的一种气味压住它们，成为主导气味，这样一来，微弱的气味就几乎不存在了。

我事先在晚上雄性大孔雀蝶将被招来的那个屋子里撒了点樟脑。另外，在钟形罩下，在雌性大孔雀蝶旁边我也放了一只装满樟脑的宽大圆底器皿。大孔雀蝶来访的时刻来到时，只需待在房间门口就能闻到这股子樟脑味儿。我的巧计未能奏效。大孔雀蝶们像平时一样，如约而至；它们闯入房间，穿越那股浓烈的气味，像在没有气味的环境中一样，方向准确地向钟形罩飞去。

我对嗅觉能否起作用已产生了疑惑。再说，我现在也无法继续实验了。第九天，我的女囚因久等无果已精疲力竭，把未能孵出幼虫的卵下在钟形罩的金属纱网上之后死去了。没了雌性大孔雀蝶，我也就无事可做，只好等到明年再说。

这一次，我将采取一些预防措施，储备了充足的必需品，以便如我所愿地重复已经做过的和我考虑要做的实验。说干就干，不必拖延了。

夏日里，我以每只一个苏的价格买了一些大孔雀蝶毛虫。我的几个邻居小孩——我日常的供货者们——对这种交易十分起劲儿。每个星期四，他们在摆脱那令人生厌的动词变位的学习之后，便跑到田间地头，不时地找到一条大毛虫，用小棍子尖端挑着给我送来。这帮可怜的小鬼不敢碰毛虫，当我像他们抓熟悉的蚕那样用手指捉住毛虫时，他们都吓呆了。

我用老巴旦杏树枝喂养我昆虫园中的大孔雀蝶毛虫，不几天便有了一些优等的茧。到了冬天，我在老巴旦杏树根部一丝不苟地寻找，获得不少的成果，补足了我的收集物。一些对我的研究感兴趣的朋友跑来帮我。最后，我通过精心喂养，四处搜寻，求人代捉，虽身上被荆条划得伤痕累累，但有了不少的茧，其中有十二只较大较重的是雌性的。

失望一直在等待着我。五月来临，这是个气候变化无常的月份，把我的心血化为乌有，使我痛心疾首，愁苦不堪。说话间又到了冬季，寒风凛冽，吹掉了梧桐树的新叶，落满一地。这是天寒地冻的腊月，晚上必须生上旺火，穿上已经脱去的厚厚的冬衣。

我的大孔雀蝶也饱受煎熬。卵孵化得晚了，孵出来一些迟钝呆滞的家伙。在一只只钟形罩里，雌性大孔雀蝶根据出生先后，今天一只明天一只地住了进去，可是很少或者压根儿就没有外面飞过来探望的雄性大孔雀蝶。在附近倒是有一些，因为我收集的长着漂亮羽饰的实验用雄性大孔雀蝶，一旦孵化出来，辨认清楚之后便会被立即关进园子里。它们不管离得远的还是就在附近的，都很少飞过来，而且即使来了也无精打采的。

也许低温也对提供信息的气味散发物有很大的影响，而炎热则可能有利于气味的散发。我这一年的心血算是白费了。唉！这种实验真难呀，它受到季节变换的快慢和反复无常的制约！

我又开始进行第三次实验。我喂养毛虫，到田野里去寻找虫茧。到了五月份，我已经收集了不少。季节很好，符合我的要求。我又见到了一开始导致我进行这种研究的那次令人振奋的大孔雀蝶入侵的盛况。

每天晚上都有大孔雀蝶飞来，有时十一二只，有时二十多只。雌性大孔雀蝶肚腹鼓鼓的，紧贴在钟形罩的金属网上。它毫无反应，甚至连翅膀都没颤动一下。它好像对周围所发生的事情无动于衷。我家人中嗅觉最灵敏的也没有嗅出什么气味来，我家亲朋中被拉来做证的听觉最敏锐的也没听见任何响动。那只雌性大孔雀蝶一动不动地、屏息凝神地等待着。

雄性大孔雀蝶三三两两地扑到钟形罩圆顶上，绕着飞来飞去，不停地用翅尖拍打着圆顶。它们之间没有因争风吃醋而发生打斗。每只雄性大孔雀蝶都尽力地想闯入钟形罩，看不出对其他的献殷勤者有任何的嫉妒。徒劳地尝试一番之后，它们厌倦了，飞走了，混入正在飞舞着的蝶群中去。有几只绝望者从那扇敞开的窗户飞走了，一些新来者替代了它们；而在钟形罩的圆顶上，直到十点钟左右，不断地有蝴蝶尝试闯入，随即失望而去，随即又有新来者代替之。

钟形罩每天晚上都要挪挪地方。我把它放在北边或南边，放在楼下或二楼，放在住所右翼或左翼五十米开外，放在露天地里或一间僻静小屋的暗处。这一番神不知鬼不觉的突然搬来搬去，如果不知情者想找可能都找不着，但是却一点儿也没骗过蝴蝶们。我的时间与心思全白费了，没有迷惑住它们。

这里并不是对地点的记忆在起作用。譬如头一天晚上，那只雌性大孔雀蝶被放置在住所的某间房间里。羽饰美丽的雄性大孔雀蝶飞到那儿舞了两个小时，甚至还有一些在那儿过了一夜。第二天，日落时分，当我转移钟形罩时，雄性大孔雀蝶都在外边。尽管寿命转瞬即逝，但新来者仍有能力进行第二次、第三次的夜间远征。这些只能存活一日的家伙首先将飞往何处?

它们了解昨夜幽会的确切地点。我还以为它们将凭着记忆回到那儿去；而在那儿发现人去楼空时，它们将飞往别处继续追寻。但并不是这么回事：与我的期盼恰恰相反，根本就不是这样的。它们谁也没有再出现在昨晚一再光顾的地方，谁都没在那儿做短暂逗留。此地已看出是没有人烟了，记忆似乎并没有事先向它们提供任何情报。一个比记忆更加可靠的向导把它们召唤去了另外的地方。

在此之前，雌性大孔雀蝶一直公开地待在金属网眼上。那些到访者在漆黑的夜晚目光仍是敏锐的，它们凭借那对我们而言简直如同漆黑一片的一点微光是能够看见那只雌性大孔雀蝶的。如果我把雌性大孔雀蝶关进不透明的玻璃罩中，那会出现什么情况呢？这种不透明的玻璃罩难道就不能让提供信息的气味自由散发或完全阻止它散发吗？

今天，物理学使我们能够发明利用电磁波的无线电报了。大孔雀蝶在这个方面是不是可能超越了我们？为了刺激周围的雄性大孔雀蝶，通知几公里以外的求爱者，刚刚孵化出来的适婚雌性大孔雀蝶难道已拥有已知的或未知的电波和磁波吗？这种电波、磁波难道会被某种屏障隔断而被另一种屏障放行吗？总而言之一句话，它是不是会按照自己的方法利用某种无线电呢？我觉得这并没有什么不可能的。昆虫是这种高级发明的强者。

于是，我把雌性大孔雀蝶放在不同材质的盒子里。有白铁的，木质的，硬纸壳的。全都关得严严实实，甚至还用油性胶泥给封上。我还用了一只玻璃钟形罩，摆放在一小块玻璃的绝缘柱上。

在这种严密封闭的条件下，没有飞来一只雄性大孔雀蝶，一只也没有，尽管晚上既凉爽又安静，环境宜人。无论是什么材质的——金属的、玻璃的、木质的还是硬纸壳的——密封盒，都使传递信息的气味物无法散发出去。

一层两横指厚的棉花层也产生同样的效果。我把雌性大孔雀蝶放进一只很大的短颈大口瓶里，用棉花盖上瓶口，扎紧。这足可以使周围的雄性大孔雀蝶无法知晓我实验室的秘密了。一只雄性大孔雀蝶都没有露面。

反之，我们把盒子不密封，让它微微开着点，再把这些盒子放进一只抽屉里，装进大衣橱中，但尽管这么藏了又藏，雄性大孔雀蝶仍然蜂拥而来，多得就像明显地把钟形罩放在一张桌子上时一样。女囚被放在帽盒里，裹进一只关好的壁橱等待着的那个晚上的情景至今仍历历在目。雄性大孔雀蝶们扑向壁橱门，用翅膀扑打着，啪啪连声，想闯进去。这些过路的朝圣者，也不知从何处飞进田野来到此处，它们非常清楚门后面藏着什么。

因此，任何认为存在类似无线电报的通信手段的看法都无法让人信服，因为一道屏障无论是好导体还是坏导体，一经出现便立即阻断了雌性大孔雀蝶的信号。为了让信号畅通无阻，传得很远，必须具备一个条件：囚禁雌性大孔雀蝶的囚室不能关得严丝合缝，密不透风，要让内外空气相通。这又使我们回到了存在一种气味的可能性上，但那是经我用樟脑所做的实验给否定了的。

我的大孔雀蝶的茧业已告罄，但问题仍然没有弄个一清二楚。我第四年还要继续搞下去吗？我放弃了，原因如下：如果我想跟踪观察一只大孔雀蝶夜间婚礼中的亲昵举动，那是颇为困难的。献殷勤的雄性为达到目的肯定是无须亮光的，但人的视力微弱，在夜间无亮光时是看不见什么的。我起码得点上一支蜡烛，但又常常被飞舞的群蝶给扇灭。提灯倒是可以免此烦恼，但是它光线昏暗，又会出现阴影，根本无法让你看得清清楚楚。

还不光是这一点。灯的亮光还会把蝴蝶从它们的目标引开，使之无法成其美事，而且照得太久，还会严重影响整个晚会的成功。来访者一飞进屋内，便疯狂地扑向火光，烧坏身上的绒毛，而且，从此因为被烧伤而惊慌失措，就无法用来取证了。如果它们没有被烧着，被隔在玻璃罩外面，落在火光旁边，便会像被施了魔法似的，不再动弹。

一天晚上，雌性大孔雀蝶被放置在餐厅的一张桌子上，正对着敞开着的窗户。一盏煤油灯点着，灯上装有一个搪瓷的宽大灯罩，吊挂在天花板上。一些来访者落在钟形罩的圆顶上，在女囚面前表现出急不可耐的样子，另外的一些来访者，飞过女囚囚室时略微致意一番，便向煤油灯飞去，盘旋片刻之后，被搪瓷灯罩的反射光照得迷迷糊糊的，便贴在灯罩下面一动不动了。孩子们已经伸手要去捉它们了。“别动，”我说，“别动。别惊扰它们，别搅扰这些前来光明圣体龛朝圣的客人们。”

整个晚上，它们都没有动弹过。第二天，它们仍留在原地。对亮光的迷恋使它们忘掉对爱情的陶醉。

面对这样一些迷恋亮光的家伙，精确而长久的实验是无法进行的，因为观察者需要照明。我放弃了对大孔雀蝶及其夜间婚礼的观察。我需要一只习性不同的蝴蝶，它得像大孔雀蝶一样勇敢地奔赴婚礼幽会，但又能在白天行房。

在用一只满足上述条件的蝴蝶进行研究之前，暂时先别顾及时间的先后次序，说几句我结束研究之前飞来的最后一只蝴蝶的事。那是一只小孔雀蝶。

别人不知从哪儿给我弄来一只很棒的茧，裹着一个宽大的白色丝套。从这个不规则的大褶皱的丝套中，很容易抽出一只外形似大孔雀蝶茧但体积要小一些的茧来。丝套端口用松散但又聚集的细枝结成网状，可出而不可进，我一眼便可看出那是一只夜间活动的大孔雀蝶的同类。丝套上有编织者的名号。

果然，三月末，圣枝主日那一天的清晨，那只茧孵出一只雌性小孔雀蝶，我立刻把它关进实验室的钟形金属网里。我打开房间的窗户，好让这件大事传布到田野中去，而且必须让可能前来的探访者自由进入房间。被囚的这只雌蝶贴在金属网纱上，一个星期都没再动一动。

我的小孔雀蝶女囚美丽极了，一身呈波纹状的褐色天鹅绒华服，上部翅膀尖端有胭脂红斑点，四只大眼睛，宛如同心月牙，黑色、白色、红色和赭石色混在一起。如果不是色泽那么发暗的话，几乎就是大孔雀蝶的装饰。这种体形和服饰如此华美的蝴蝶，我一生中见到过三四次。我昨天见了茧，但从未见到过雄性蝶。我只是从书本上知道雄性比雌性要小一半，体色更加鲜艳，更加花枝招展，下部翅膀呈橘黄色。

我还不了解的陌生贵客、羽饰漂亮的雄蝶，它会飞来吗？在我们周围这一片似乎很少见到它。在它那遥远的藩篱中，它能得知那只适婚雌蝶在我实验室的桌子上正等待着它吗？我敢保证它会前来的，而且我错不了的。瞧，它来了，甚至比我预料的来得还早。

晌午时分，我们正要吃午饭，因心悬可能会出现的情况而尚未来用餐的小保尔，突然跑到饭桌前，面颊红彤彤的。只见一只漂亮的蝴蝶在他的指间扑扇着翅膀，它正在我实验室对面飞舞时，被小保尔一下子捉住了。小保尔递过来给我看，以目光询问我。

“哇！”我说，“正是我们等待着的朝圣者呀。先别吃了，赶快去看看是怎么回事。回头再吃吧。”

因奇迹的出现，午饭都被遗忘了。雄性小孔雀蝶令人难以置信地按时被女囚给神奇地召唤来了。它们艰难曲折地飞翔，终于一只接一只地飞来了，它们都是从北边飞过来的。这个情况很有价值。的确，乍暖还寒已经一个星期了。北风呼啸，吹落了老巴旦杏树新绽开的花蕾。这是一场凶猛的风暴，通常在我们这里预示着春天不远了。今天，气候突然转暖，但北风依然在呼啸着。

在这段时间陡变的天气中，飞来找那只雌小孔雀蝶的所有雄小孔雀蝶全都是从北边飞到我的拘蝶园中的，它们是顺着气流飞的，没有一只是逆流而来的。如果它们有与我们相似的嗅觉作为罗盘，如果它们是受分解于空气中的有味道的微粒指引的，那它们就应该是从相反的方向飞来才对。如果它们是从南边飞来的，我们就会认为它们是闻到风吹来的气味才找到地方的；在北风呼啸，空气吹净，什么味道也闻不到的天气里，从北边飞来，怎么可能假定它们在很远的地方就嗅到了我们所说的气味呢？我觉得有气味的分子不可能会顶着强风传给它们。

两个小时中，在阳光灿烂之下，来访的雄小孔雀蝶们在我的实验室门前飞来飞去。其中大部分都在一个劲儿地寻来觅去，或撞墙欲入，或掠地而过。见它们如此犹豫不决，我想它们是因找不到引它们飞来的那个诱饵的确切位置而十分着急。它们从老远飞来，没有弄错方向，可到了地方却又拿不准确切地点了。不过，它们迟早会飞进屋内去向女囚致意的，但也不会恋战。下午两点钟时，一切便结束了。一共飞来了十只雄小孔雀蝶。

整整一个星期，每当中午时分，阳光极其明亮时，一些雄小孔雀蝶便会飞来，但数量在减少。前后加起来一共将近有四十只。我觉得无须重复实验了，因为不会给我已知的情况再添加资料了，所以我只是在注意两个情况。首先，小孔雀蝶是昼间活动的，也就是说它们是在光天化日之下举行婚礼的。它们需要充足明亮的阳光。而与它成虫的形态和毛虫的技艺相近的大孔雀蝶则完全相反，它们需要在日暮天黑之后进行。这种相反的习性谁有本事解释清楚谁就去解释吧。

其次，一股强气流从相反方向吹散能够给嗅觉提供信息的分子，但不会像我们的物理学所假设的那样，阻止小孔雀蝶飞抵有气味的气流的相反的一面。

为了继续研究，我们需要的是夜间举行婚礼的大孔雀蝶，而不是小孔雀蝶。后者出现得太晚了，而我并没有在研究它。我需要的是大孔雀蝶，不管是什么样的，只要它在婚庆时行房敏捷能干即可。这种大孔雀蝶，我能获得吗？

（本篇选自原著第七卷）

小阔条纹蝶

是的，我将能得到它，我甚至已经得到它了。一个七岁的男童，脸上透着灵气，但并不每天洗脸，他光着脚，短裤破烂，用一条带子系着，他每天都给我家送萝卜和西红柿。一天早晨，他提着蔬菜篮子来了，收下了我给的蔬菜钱，放在手心里一枚一枚地数着那几枚他母亲期盼的苏，然后便从口袋里掏了一件东西，是他头天沿着一个藩篱捡拾兔草时发现的。

“还有这个，”他把那东西递给我说，“这个您要不？”“要呀，我当然要。你想法再给我找一些，你找到多少我要多少，而且我答应你每个星期天带你去玩旋转木马。喏，我的朋友，这是两个苏，给你的。把这两个苏单放，别同萝卜钱混在一起，免得向你妈报账时报不清楚。”我的这位头发乱蓬蓬的小家伙看到这么多钱简直开心极了，隐约感到自己要发大财了。

他走了之后，我仔细地观察着那个东西。这东西值得花气力去寻找。那是一个漂亮的茧，呈圆盾形，使人很容易联想到蚕房里的蚕茧，它很坚硬，呈浅黄褐色。从书本上的一些简单介绍来看，我几乎肯定这是一只橡树蛾的茧。如果真的是的话，那真是老天所赐！我就可以继续我的研究，也许还可能让我补足大孔雀蝶让我隐约瞥见的材料。

橡树蛾确实是一种传统的蝶蛾，没有一本昆虫学论著不谈及它在婚恋期间的突出表现。据说有一只雌性橡树蛾被困在一个房间里，甚至还刚刚在一只盒子底部孵卵。它远离乡野，困于一座大城市的喧闹之中。但是，孵卵之事还是传给了树林里和草坪间的相关者。雄性橡树蛾们在一个不可思议的指南针的引导之下，从遥远的田野间飞来，飞到盒子跟前，谛听，盘旋，再盘旋。

这些奇情趣事我是从书本中了解到的，但是看到，亲眼看到，同时还再稍做一番实验，那完全是另一回事。我花了两个苏买的那东西里面有什么呢？会从中飞出来那个著名的橡树蛾吗？

它还有另一个名字：布带小修士。这个新颖别致的名字是由其雄性的外衣导致的，那是一件棕红色修士长袍，但它不是棕色粗呢，而是柔软的天鹅绒，前面的翅膀横有一条泛白的、长得像眼珠似的小白点。

这里所说的布带小修士，也就是小阔条纹蝶，不是那种在合适的时候，我们心血来潮，带上个网子出去一捉就能捉到的平淡无奇的蝴蝶。在我们村子周围，特别是在我的荒石园中，我住了二十来年还从来没有见到过它。确实，我不是狩猎迷，标本上的死昆虫我并不太感兴趣，我要的是活物，要能表现其天赋才能的活物。不过，我虽无收集者的那种热情，但我对田野里生机盎然的一切都十分关注。一只身材和服饰如此与众不同的蝴蝶要是被我遇上我肯定会捉住它的。

我许诺带他去骑旋转木马的那个小家伙再也没能捉到第二只。三年里，我拜托朋友和邻居帮我找，特别是求那些年轻人，他们是荆棘丛林中手眼明快的搜索者。我自己也在枯叶堆中翻来找去，查看一堆堆的石块，掏摸一个个的树洞。但都一无所获，稀罕的蝶茧仍未能找到。这足以说明在我住处周围小阔条纹蝶十分罕见。到时候我们将会看到这一点是多么重要。

我猜测得没错，我的那只唯一的茧正是那种著名的蝴蝶。八月二十日，一只雌蝶从茧中出来，胖嘟嘟的，肚子大大的，衣着与雄蝶一样，但是其长袍是米黄色的，更加淡雅。我把它放在我工作室中间的一张大桌子上，用金属钟形网罩罩住。大桌子上放满了书籍、短颈大口瓶、陶罐、盒子、试管以及其他一些器械。大家知道这个环境，就是我为大孔雀蝶准备的那个处所。有两扇窗户朝向花园，阳光照进屋里。一扇窗户是关着的，另一扇则白天黑夜全都敞开着。小阔条纹蝶就待在这两扇窗户中间那四五米间隔之处的半明半暗之中。

当天余下的时间以及第二天过去了，没有什么值得一提的事情发生。小阔条纹蝶用前爪抓住金属网纱，吊挂在朝阳的那一边，一动不动，像死了似的，翅膀未见颤动，触角也没有抖动，同大孔雀蝶的情况一样。

雌小阔条纹蝶发育成熟了，细皮嫩肉在变结实。它运用一种我们的科学尚未弄清的方法在制作一种无法抗御的诱饵，把一些拜访者从四面八方吸引过来。它那胖嘟嘟的身体里出现什么状况了？里面发生了什么变化把周围闹得天翻地覆？如果我们能了解它那炼丹术的秘诀，那我们将会增加很多的知识。

第三天，新娘子已经准备好了，周围像过节似的热闹起来了。我当时正在花园里，因为事情拖得太久，对成功已经感到绝望，突然，下午三点钟光景，天气很热，阳光灿烂，我隐约看见一群蝴蝶在开着的那扇窗框间飞来飞去。

它们是一些来向美人儿献媚取宠的情郎。有一些从房间里飞出去，另一些则飞进去，还有一些落在墙上休息，好像因长途跋涉而疲惫不堪了。我隐约看见一些从远处飞来，飞进高墙，飞过高高的柏树冠。它们从四面八方飞来，但数量越来越少。我未能看到婚庆开始的情况，现在客人们差不多都已到齐了。

我们上楼去看看吧。这一次是在大白天，任何细节都没漏掉，我又见到了头一回那只夜巡大孔雀蝶让我见到的令人惊讶不已的情景。在我的工作室里，一大片的雄性小阔条纹蝶在翻飞，转来绕去，我尽量以目测估算，大概有六十来只。在围着钟形罩绕了几圈之后，有一些便向敞开的窗户飞去，但随即又飞了回来，又开始围着钟形罩转悠开来。最猴急的则停在钟形罩上，用爪子相互抓挠，推搡，竞相取代别人抢占最佳位置。钟形罩里面的女囚大肚子垂着贴在网纱上，声色不动地等待着，在这群纷乱的雄蝶面前，没有一丝激动的表情。

雄性小阔条纹蝶无论是飞走的还是飞来的，无论是坚守在钟形罩上的还是在室内飞舞的，在三个多小时的过程中，一直在疯狂地舞动着。但是日已西下，气温有点下降，雄蝶们的激情也随着降温。有许多飞走了，没再飞回来。另外一些占好位置以利明日再战，它们紧贴在那扇关着的窗户的窗棂上，如同雄性大孔雀蝶一样。今天的节庆活动到此结束。明天肯定还将继续，因为受网纱阻隔，活动尚未有任何结果。

可是不然！令我大为沮丧的是活动并未再继续，这都是我的错。晚上，有人给我送来一只螳螂，个头儿特别小，所以我非常喜欢。由于老是想着下午的种种情况，我便不经意地匆忙把它这个食肉昆虫放进了那只雌性小阔条纹蝶的钟形罩里。我压根儿就没想到这两种昆虫共居一室是会产生恶果的。那只螳螂一副小样儿，而那只雌性小阔条纹蝶却是那么胖嘟嘟的！所以我一点也没起疑心。

唉！我对带铁钳的食肉昆虫的凶残性认识太差！第二天，我惊呆了，痛苦地发现那只小螳螂正在啃咬那只胖蝴蝶。后者的脑袋和前胸已经没有了。可怕的昆虫！你让我度过了多么惨痛的时刻啊！再见了，我整夜冥思苦想的研究工作。三年中，我因无研究对象而无法继续我的研究。

但愿这倒霉事别让我们忘掉刚了解到的那一点点情况。仅一次聚会，就将近有六十只雄性小阔条纹蝶飞来。如果我们考虑到这种蝴蝶的稀少，如果我们记起我和我的助手们那整整数年连续无果的研究，那这个数目将会让我们惊讶不已的。找不到的那种蝴蝶在一只雌蝶的引诱下，一下子来了这么多。

那么它们是从哪里飞来的呢？毫无疑问，是从老远的地方，是从四面八方。很久以来我一直在住处附近寻来找去，一丛丛荆棘，一堆堆石块，我都翻了个遍，所以我可以肯定我们周围没有橡树蛾。为了在我的工作室里聚集一大群这种蝶蛾，我曾这儿那儿地，寻遍郊外各地，也不知找了多少地方。

三年过去了，我日思夜求的运气终于给我送来两只小阔条纹蝶茧。八月中旬前后，这两只茧相隔几天为我孵出了雌蝶来，这使我得以丰富并重复我的实验。

我很快便又重新进行大孔雀蝶已经给了我非常肯定的答复的种种实验。白昼的朝圣者也很灵巧，并不比夜间朝圣者差。它挫败了我所有的计谋。它准确地飞向被金属网罩罩着的那个女囚，无论网罩置放在什么地方。它能够在壁橱暗处发现女囚，它能够在一只盒子的最里面找到女囚，只要这只盒子不要盖得太严。如果盒子关得严丝合缝，它得不到信息，它也就不再来了。在此之前，它一再重复的是大孔雀蝶的英勇行为，别无其他。

一只盖得严严实实的盒子，空气无法流通，雄性小阔条纹蝶也就完全无法知晓女囚的情况。即使把这盒子放在窗户上十分显眼的地方，也没有一只雄性飞来。因此，这又立即使我想起了无论是金属的、木质的、硬纸板的还是玻璃质的隔墙，都传导不了有气味的散发物。

我对夜巡大孔雀蝶就此做过实验，它没被樟脑味蒙骗，在我看来，樟脑气味大极了，人的嗅觉就感觉不到被它压住的细微气味了。我用小阔条纹蝶重新进行了这种实验。这一回我把我所存有的汽油和有气味物统统都用上了。

一打的碟子放好了，一部分放在囚禁雌性小阔条纹蝶的金属钟形网罩里，另一部分放在网罩四周，围成一圈。有几只装着樟脑，有几只装着宽叶薰衣草香精，有几只装着汽油，还有几只装着臭鸡蛋味的碱硫化物。不能再多放什么了，否则女囚会窒息身亡的。这些小碟子早晨便放好了，以便聚会开始时屋子里弥漫着这种种气味。

下午，工作室变成了恶心的配药室，一股浓烈的薰衣草香气加上碱硫化物恶臭的混合气味。而且别忘了我还在这间屋里大量地熏烟。煤气厂、烟馆、香料厂、炼油厂、臭气熏天的化工厂全都集中在这间屋子里了，这样能否使小阔条纹蝶迷失方向呢？

根本就没有。三点钟光景，雄性小阔条纹蝶像通常一样纷纷飞来。它们都往钟形罩那儿飞，其实我事先已经用一块厚布把罩蒙上了，以便增大难度。它们一飞进屋内，便被一种混杂着各种气味的浓烈气息包围住了，但它们仍旧朝着女囚的囚室飞去，想从厚布的褶皱下面钻进去与女囚相会。我的计谋未能奏效。

这次实验完全失败了，重复了大孔雀蝶实验的结果。这次的失败之后，我理所当然地要放弃是有气味的散发物在指引小阔条纹蝶参加婚庆的观点。我之所以没有放弃，应该归功于一次偶然的观察。意外和偶然有时会给我们带来惊喜，把我们引向此前一直在毫无结果地寻觅的真理的道路。

一天下午，我想弄清楚蝴蝶一旦飞进屋里，视觉在寻找目的物中是否还起点作用，便把那只雌性小阔条纹蝶放在一只钟形玻璃罩中，还给它弄点带枯叶的橡树小枝让它停靠。玻璃罩就放在桌子中间，冲着敞开的那扇窗户。雄蝶飞进屋里一定会看得见女囚的，因为后者就在它们必经之路上。雌蝶在其上待了一夜和一个早上的那个金属纱网钟形罩下的放了一层沙土的陶罐，我觉得很碍事，未加任何考虑便把它放到屋子另一头的地板上，那个角落只能透进半明半暗的光线，离窗户有十来步远。

接下来发生的事把我的思绪搅成一团。飞进来的到访者中没有一位在玻璃罩那儿停下来，而玻璃罩就在明亮的阳光下面，女囚显眼地居于其中。

它们全都没朝雌蝶看一眼，没有探询一下。它们全都飞向房间另一头我放着陶罐钟形罩的那个暗黑的角落。

它们落在金属纱网罩圆顶上，久久地在探寻，扑扇着翅膀，还稍稍在相互争斗。整个下午，直到日影西斜，它们都围着空空的圆顶飞舞，以为雌蝶就身陷其中。最后，它们飞走了，但没有全飞走。有几个执着者不想走，死死地钉在那儿，像被施了定身法似的。

这真是个奇怪的结果：我的这些蝴蝶飞到那人去楼空之地，长留不去，尽管眼见罩中无人仍死不甘心。从雌蝶所在的那只玻璃钟形罩旁飞过时，来来去去的这群雄蝶中不可能一个也没看出有雌蝶的，但它们就是没有在此哪怕稍事停留。它们被一个诱饵给弄得神魂颠倒，竟置真实物于不顾了。

它们是被何物所欺骗的呢？第一天整个夜晚和第二天的整个上午，雌蝶都是待在金属纱网钟形罩里的，它忽而吊在纱网上，忽而在陶罐的沙土层上歇息。它碰过的东西，特别是它那大肚子蹭过的东西，长时间接触之后，浸透了一些散发物的气味。那就是它的诱饵，就是它的激发情欲的药物，那就是引得雄蝶神魂颠倒、纷至沓来的尤物。沙土层把这尤物保存一段时间，并向四周扩散出去。

因此，是嗅觉在引导雄蝶们，在远处向它们发出信息。它们为嗅觉所控制，不去考虑视觉所提供的信息，所以途经美人儿正被关押的玻璃囚室时，一飞而过，直奔神奇气味在散发的纱网、沙土层，直奔女魔法师除了气味而外什么也没留下的那座空房。

那无法抗拒的尤物需要一定的时间才能配制好。我想它像一种挥发性气体，一点点地散发出去，被一动不动的大肚雌蝶沾过的东西便浸满了这种气体。即使玻璃钟形罩放在桌子正中间，或者更好一些，放在一块玻璃上，内外都无法很好地沟通，而且，雄蝶因为凭嗅觉什么也感觉不到，它们就不会前来，无论你试验多久都无济于事。可我眼下不能以这种内外无法沟通作为理由，因为即使我搞出一个好的沟通环境，用三个小垫子把钟形罩抬离支座，雄蝶们也不会一下子飞来，尽管屋子里蝴蝶为数不少。但是，等上半个小时左右，盛有雌蝶尤物的蒸馏器就开始启动了，求欢者们立即就会像通常那样纷纷而来。

掌握了这些出乎意料的驱云拨雾的材料，我就可以进行不同的实验，这些实验在同一个方面全都是具有结论性的。早晨，我把雌蝶放在一个钟形金属网罩里。它的栖息处是同先前一样的一根橡树细枝。雌蝶在里面一动不动，像死了似的。它在细枝上待了许久，藏在大概浸润着其散发物的叶丛中。当探视时间临近时，我把浸足了散发物的细枝抽出来，放在离敞开的那扇窗户不远的地方。另外，我让钟形罩中的雌蝶待在房间中央的桌子上显眼的地方。

蝴蝶纷纷来到，先是一只，然后是两只三只，很快就是五只六只。它们进来，出去，又回来，飞上飞下，飞来飞去，始终是在那扇窗户附近，那支细橡树枝放在椅子上，离窗户不远。谁也没往那张大桌子飞，而雌蝶就在那儿的金属网罩中等候它们，离它们并没有多远。它们在迟疑，这可以清楚地看出来：它们在寻找。

最后，它们终于找到了。那它们找到什么了？找到的正是那根细枝，它早晨曾是胖雌蝶的粉床。它们急速扑扇着翅膀；它们飞落在叶丛上；它们忽上忽下地搜寻、抬起、移动树叶，以致最后那束很轻的细枝被弄到地上去了。它们仍在落在地上的细枝叶丛中搜索。在翅膀和细爪的扑打抓挠下，细枝在地上移动着，仿佛被一只小猫用爪子抓扑的破纸团。

当细枝连同那群搜索者移动到远处时，突然新飞来两只小阔条纹蝶。那把刚才放有细枝叶的椅子就在它俩飞经的途中。它俩在椅子上落下，急切地在刚才放过细枝的地方嗅闻个没完。然而，对于先来者和新到者来说，它们热盼的那个真实目标就在那儿，很近，被一只我忘了遮盖起来的金属网罩罩着。它们谁也没有注意到它。它们在地上继续推挤雌蝶早上睡过的那个小床，它们在椅子上继续嗅闻那张粉床曾经放过的地方。日影西斜，撤退的时刻到了。再说，撩拨的气味也在渐渐地淡去，消散。拜访者们没什么可做的了，只好飞走，明日再来。

我从随后的实验中得知，任何材料，不管是哪一种，都可以代替我那偶然的启示者——带叶的细枝。我稍许提前一点把雌蝶放在一张小床上，上面时而铺垫着呢绒或法兰绒，时而放些棉絮或纸张。我甚至还强迫雌蝶睡木质的、玻璃的、大理石的、金属的硬硬的行军床。所有这些东西在雌蝶接触了一段时间之后，都像雌蝶本身似的对雄蝶们有着同样的吸引力。它们全都具有这种吸引雄蝶的特性，只不过是有的强些有的弱些。最强的是棉絮、法兰绒、尘土、沙子，总之是那些多孔隙的东西。而金属、大理石、玻璃很快便失去它们的功效。总而言之，但凡雌蝶接触过的东西，都能把其吸引力的特性传出去。因此，橡树细枝掉到地上之后，雄蝶们仍旧纷纷飞到那把椅子的坐垫上。

我们来选用一张最好的床，比如法兰绒床，我们将会看到新奇的事。我在一根长试管或小阔条纹蝶正好可以飞进去的一只短颈大口瓶里放一块法兰绒，让雌蝶整个上午都待在上面。来访者们钻入器皿中，在里面拼命扑腾，却怎么也飞不出来了。我给它们布置了个陷阱，可以让它们有多少死多少。我们把那些落难者放走吧，把藏于盖得严严实实的盒子的最秘密处的那块床垫抽出来。晕头转向的雄蝶们又回到那支长试管里，又钻进了陷阱之中。它们受到的是浸透尤物的法兰绒传给玻璃的那种气味的引诱。

我因此便坚信了自己的想法。为了邀请周围的众蝶飞赴婚宴，为了老远地通知它们并引导它们，婚嫁娘散发出一种我们人的嗅觉感觉不出来的极其细微的香味。我的家人们，包括孩子们那最灵敏的鼻子，凑近那只雌性小阔条纹蝶也没有闻出一丝一毫的气味来。

雌性小阔条纹蝶停留过一段时间的任何东西都很容易地浸润了这种尤物，因而这些东西自此也就如雌性小阔条纹蝶一样成为具有同样功效的吸引力的中心，只要它的散发物不消失。

没有任何可以用眼看出的诱饵。在求欢者们心急火燎地围着纷飞的刚刚弄好的纸床上，没有任何看得出的痕迹，也没有一点浸润的样子，其表面在浸润了尤物之后与没有浸润之前一样地干净整洁。

这种尤物配制得很慢，须一点一点地积聚，然后才能充分地散发出去。雌蝶被从其粉床弄走，移到别处，暂时失去了诱惑力，变得冷漠起来；雄蝶们飞往的是长时间浸润之后的雌蝶栖息地。然而，御座重新放好，被抛弃的女皇又重新掌权了。

信息流通的出现时间有早有晚，根据昆虫品种而定。刚孵出的那只雌性小阔条纹蝶需要一段时间才能发育成熟，才能安排自己的蒸馏器似的器官。雌性大孔雀蝶早晨孵出，有时候当晚便有探访者飞来，但更经常的是第二天，经过四十来个小时的准备之后才有求欢者。雌性小阔条纹蝶则把自己召唤异性的活动推得更迟，它的征婚广告要等个两三天之后才发布。

让我们稍稍回过头来看看其触角的蹊跷功用。雄性小阔条纹蝶与其婚恋方面的竞争对手一样有着漂亮的触角。把其层叠状的触角视作导向罗盘是否合适？我并无太大把握地对它们进行了我以前做过的那种截肢手术。被动过手术的雄性小阔条纹蝶没有一只再飞回来。但也别忙于下结论。我们从大孔雀蝶那儿已经知道，它们的一去不复返有着比截肢的结果更加重要的原因。

另外，第二种小阔条纹蝶——苜蓿蛾蝶这种与第一种小阔条纹蝶很相近的蝴蝶，也有着华美的羽饰，它也给我们出了一道难题。在我家附近常常见到它们，就在我的那座荒石园里我都发现过它的茧，人们极容易把它与橡树蛾的茧搞混。我一开始就曾把它们搞混过。我原指望从六只茧中得到小阔条纹蝶，但将近八月末时，我得到的却是六只另一品种的雌蝶。这下可好，在这六只在我家孵出的雌蝶周围，从未见过有一只雄蝶出现，尽管附近无疑就有雄性小阔条纹蝶出没。

如果宽大而多羽的触角真的是远距离信息传输工具的话，那为什么我的那些有着华美触角的邻居却未获知在我工作室中发生的情况呢？为什么它们美丽的羽毛装饰并未让它们对一些事情发生兴趣呢？而所发生的这些事情本会让另一种小阔条纹蝶纷纷飞来的呀？这再一次说明器官并不决定才能。尽管有着相同的器官，但某种才能一种昆虫会有，而另一种并没有。

（本篇选自原著第七卷）

小小实验室：

你们那里有蝴蝶标本馆或动物园吗？如果有机会，可以去找一下“布带小修士”哦。它们可都是“大美人”，号称“会飞的花朵”呢！

昆虫的装死行为

我研究昆虫装死的情况时，第一个被我选中的是那个凶狠的剖腹杀手——大头黑步甲。让这种大头黑步甲动弹不了非常容易：我用手捏住它一会儿，再把它在手指间翻动几次就可以了。还有更加有效的办法：我捏住它，然后把手一松，让它跌落在桌子上，在不太高的高度下，让它摔这么几次，让它感到碰撞的震动，如果必要的话，就多让它摔几次，然后，让它背朝下，仰躺在桌子上。

大头黑步甲经这么一折腾，便一动不动，如死一般。它的爪子蜷缩在肚腹上，两条触须软塌塌地交叉在一起，两个钳子都张开着。我在它的旁边放上一只表，这样，实验的起始与结束时间就可以准确地记录下来。这之后，只有等待，而且还得静下心来，耐心地等待着，因为它静止不动的时间是非常长的，让人等得心烦，没有耐心是成功不了的。

大头黑步甲的静止状态保持得很长，有时竟然长达五十分钟，一般情况下，也得有二十分钟左右。如果不让它受到外界的影响，比如，这种实验正好是在盛夏酷暑时进行，我就把它用玻璃罩扣住，避开了大热天里的常客——苍蝇的骚扰，那么，它的静卧状态就是真正的完全的静止状态：无论是跗骨也好，触须也好，还是触角也好，全都毫不颤动，看上去，它就像僵死在桌子上了似的。

最后，这只看似死了的大头黑步甲复活了。前爪跗节开始微微颤动，随即，所有的跗骨全都颤动起来，触须、触角也跟着慢慢地摇来摆去。这就证明它确实复活了。腿脚随后也跟着乱划乱踢起来。它的身体在腰带紧束住的地方稍稍弓起；接着重心落在头和背上；然后，它猛一用力，身子便翻转过来了。此刻，它便迈开小碎步，跑动起来，仿佛知道此处危险重重，必须逃离险区。假如我又把它抓住，它便又立刻装起死来。

我趁此机会又做了一次实验。刚刚复苏的大头黑步甲又一次静止不动了，依旧是背朝下地仰躺着。这一次，它装死的时间要比第一次来得长。当它再次苏醒时，我又进行了第三次同样的实验。随后，我又对它进行了第四次、第五次实验，一点喘息的机会都不留给它。它静卧的时间在逐渐地延长。根据我所记录下来的静卧时间，分别为十七分钟、二十分钟、二十五分钟、三十三分钟、五十分钟。

我做了许多次类似的实验，虽然结果不完全相同，但基本上有着一个共同点：昆虫连续假死时，每一次的持续时间都不相同，长短不一。这个结果使我们得知，通常情况之下，如果实验连续多次进行的话，大头黑步甲会让自己假死的时间一次比一次长。这是不是说明它一次比一次更适应这种假死状态呢？这是不是说明它变得越来越狡猾，企图让敌人最终丧失耐心？对此我一时尚无法做出定论，因为我对它的探究还很不够。

要想探出它真的在耍手腕，真的在作假蒙人，企图蒙混过关，就必须采取一种非常聪明的试探方法，揭穿这个骗子的骗人招数。

接受实验的大头黑步甲躺在桌子上。它能感觉得出自己身子下面压着的是一块坚硬的物体，想要向下挖掘，根本就不可能。挖掘一个地下隐蔽室，对于大头黑步甲来说简直是小菜一碟，因为它掌握着快捷强劲的挖掘工具。然而，自己身下却是一块硬东西，毫无挖掘的可能，所以它无可奈何，只能忍气吞声静静地躺在那儿，一动不动，必要的话，它甚至可以坚持一小时。如果躺在沙土地上的话，它立即就能感觉得到下面是松松散散的沙粒。

在这种情况之下，它还会傻乎乎静静地躺着，不想法尽快逃之夭夭？难道它连扭动腰身都不想？没有一点往沙土地里钻的意思？

我真的希望它会有所转变，产生逃跑的念头。但是，最后，我知道自己的想法错了。无论我把它放在木头上、玻璃上、沙土上，还是松软的泥土地上，它都不改变自己的战略战术。在一片对它来说挖掘起来极其容易的地面上，它照样静卧着不动弹，同在坚硬物体上躺着时一模一样。

大头黑步甲对不同材质物体表面采取了同样的态度，并不厚此薄彼，坚持一视同仁，这一点为我们的疑惑不解稍微地敞开了一丝门缝。接下来所发生的事情令这扇门大大地敞开来了。接受实验的大头黑步甲躺在我的桌子上，离我很近，可以说就在我的眼皮子底下。我发现它的触角半遮挡着它的视觉，但它那两只贼亮的眼睛看见了我，它盯着我，在观察我。面对我这么个庞然大物，这个昆虫的视觉会有什么样的感应呢？

我们就认为这个正盯着我的昆虫把我看作欲加害于它的敌人吧。这样的话，只要我待在它的面前，这个生性多疑的昆虫就会一动不动地躺着。如果它突然又恢复活动了，那它肯定认为已经把我耗得差不多了，让我已经完全失去了耐心。那么，我还是先躲到一边去。既然它面前的这个庞然大物已经离开了，它也就用不着再装死，再要这种花招也没什么意义了，所以，它就会立刻翻转身子，急急忙忙地溜之大吉。

我走出十步开外，到了大房间的另一头，隐蔽好，不弄出任何的动静。但是，我的这番谨慎小心的心思全都白费了，我的那只昆虫仍旧待在原地，没有一点动静，就这么静静待了好长好长的时间，跟我在它近旁待的时间一样长。

它真够狡猾的，想必它是发觉我仍旧待在这个房间里了，只是待在房间的另一头罢了。这也许是它的嗅觉在告诉它我并没有离去。一计不成，我就另生一计。我用钟形罩把它扣住，不让讨厌的苍蝇去骚扰它，然后，我便走出房间，到花园里去了。房间的门窗全都紧闭着，屋外的声音传不进去，屋内也没有什么会惊扰它，总之，一切会让它感到惊恐的东西，全都远离了它。在这么安静而不受骚扰的环境中，它会有什么反应呢？

实验的结果是，假死的时间与平时完全一样，既未增加也未减少。二十分钟的时候，我进屋去查看了一下，四十分钟的时候，我又进屋里去查看了一番，但是，情况没有发生任何变化，它仍旧仰面朝天，一动不动地原地躺着。

这之后，我又用几只虫子做了相同的实验，但其结果都很明确地证明，它们在装死的过程中，并没有任何令它们感到危险的东西存在，在它们的周围，既没有声音，又没有人或其他昆虫。在这种情况之下，它们仍然一动不动，那想必并不是在欺骗自己的敌人。这一点得到肯定之后，我便推测其中必然是另有原因的。

那它究竟为何采取这种特殊伎俩来保护自己呢？一个弱者、一个得不到保护的不惹是生非的人，在必要之时，为了生存而采取一些诡计，这是可以理解的；但它可是一个浑身甲胄、崇尚武力的家伙，为什么要采取这种弱者的手段，对此我感到很难理解。在它所出没的势力范围内，它是打遍天下无敌手的。强悍的圣甲虫和蛇金龟，都是生性温厚的昆虫，它们非但不会去骚扰它、欺侮它，相反，倒是它食品储存室里源源不断的猎物。

我又开始怀疑，是不是鸟儿对它构成了威胁？可是，它同步甲虫的体质相同，身体里浸透着一股刺鼻恶心的气味，鸟类闻了是绝不敢把它吞到肚子里去的。再说，它白天都躲藏在洞穴里，根本就不到洞外来，谁也见不到它，谁也不会打它的歪主意。而到了天黑之后，它才爬出洞外，可夜里鸟归林，河边已无鸟儿的踪影了，它也就根本不存在有被鸟类一口啄到之虑。

这么一个对蛇金龟，有时也对圣甲虫进行残杀的刽子手，这么一个并没有谁敢碰它的可恶而凶残的家伙，怎么就一遇风吹草动便立刻装死呢？我百思不得其解。

我在同一片河边地带，发现了同时在此居住的抛光金龟，也叫光滑黑步甲的昆虫，它给了我启迪。前面所说的大头黑步甲是个巨人，相比之下，现在所提到的同是这片河边的主人的抛光金龟就是个侏儒了。它们体形相同，同样乌黑贼亮，同样身披甲胄，同样以打家劫舍为生。但是，相比之下算是侏儒的抛光金龟，虽然远不如其巨人同类的火力强，但它并不懂得装死这个诡计。无论你怎么折腾它，把它背朝下放在桌子上，它会立即翻转过来，拔腿就跑。我每次试它，也只能看到它背朝下静止不动几秒钟而已。只有一次，我实在是把它折腾得够呛，它总算是假装死去地待了一刻钟。

这侏儒与巨人的情况怎么这么不同呀？巨人只要一被弄得仰面朝天，它就静止不动了，非要装死一个钟头之后才翻身逃走。强大的巨人采取的是懦夫的做法，而弱小的侏儒则是采取立即逃跑的做法，二者反差这么大，其原因究竟在哪里呢？

于是，我便试试危险情况会对它产生什么样的影响。当大头黑步甲背朝下腹朝上一动不动地静躺着的时候，我在想，让什么敌人出现在它的面前好呢？可我又想不出它的天敌是什么，只好找一种让它感到是个来犯者的昆虫。于是，我便想到嗡嗡叫的苍蝇了。

大热天里做实验，苍蝇嗡嗡地飞来飞去，真的让人心里很烦。如果我不给大头黑步甲罩上钟形罩，也不在它的身边守着，那么，讨厌的苍蝇肯定会飞落在我实验对象的身上，这样，苍蝇就会帮上忙了，可以替我探听一下装死的大头黑步甲的虚实了。

苍蝇落在大头黑步甲身上，刚刚用自己的细爪挠了挠装死的大块头几下，它的跗节便有了微微颤动，仿佛因直流电的轻微振荡而颤抖一样。如果这个不速之客只是路过，稍作停留，随即离去的话，那么，这细微的颤动反应很快便会消失；如果这位不速之客赖着不走，特别是又用浸着唾液和流溢着食物汁的嘴蹭来蹭去的话，那么，受到折腾的大头黑步甲就会立即蹬腿踢脚，翻转身子，逃之夭夭。

它也许是觉得，在这么个不起眼的对手面前要花招实在没有必要，有伤自尊。它重又翻转身子离去，是因为它明白眼前的这个骚扰者对自己并不构成什么威胁。看来，我们得另请高明，让一个力量强大、身材魁梧、让人望而生畏的讨厌的昆虫来试探一下大头黑步甲了。正好，我喂养着一只天牛，爪子和大颚都十分厉害。天牛这种带角的昆虫，我知道它性情平和，但大头黑步甲并不了解这个情况，因为在它所出没的河边地带，从来就没有出现过天牛这种大个儿昆虫。说实在的，看上去，这长角的天牛真的会让这蛮横的虫类望而生畏，退避三舍。对陌生者本来就存有的一种恐惧感，一定会让情况复杂起来。

我用一根稻草秆儿把天牛引到大头黑步甲旁边。天牛刚把爪子放到静静仰卧着的那个家伙的身上，它的跗节便立即颤动起来。如果天牛非但不把爪子挪开，还老在它的身上摸来挠去，甚至转而变成一种侵犯的姿态，那么，如死一般躺着的大头黑步甲便一下子翻转身子，仓皇地溜走。这情景，与双翅目昆虫骚扰它时一模一样。危险就在眼前，再加上对陌生者所怀有的恐惧感，它当然会立即抛弃装死的骗术，逃命要紧。

我又做了一种实验，结果也颇让我感到欣慰。大头黑步甲仰躺在桌子上装死，我便用一件硬器物轻轻敲击桌腿，让桌子产生微微的颤动。但不能猛敲，免得桌子发生摇晃。我注意掌握力量的大小，让桌面产生的颤动仿佛是一种弹性物体所产生的颤动一样。用力过大，会惊动大头黑步甲的，它就不会保持其僵死状态了。我每轻敲一下，它的跗节便蜷缩着颤动一会儿。

最后，我们再来看看光线对它所产生的影响。到目前为止，我的实验对象都是待在我书房那个弱光环境中接受我的实验的，并未接触到直射进来的太阳光。此刻，我书房的窗台已经洒满阳光。我要是把我的实验对象移到阳光充足的窗台上去，让这个静卧着一动不动的昆虫接触一下强光，它会有何反应呢？我刚往窗台这么一移，效果立即产生：大头黑步甲腾地翻转身子，拼命奔逃。

现在，真相大白了。吃尽苦头、被折腾得够呛的大头黑步甲，已经把自己的秘密吐露出来了。当苍蝇戏弄它，用沾有黏液的嘴唇舔它，把它当作一具尸体，想吸尽所有可口的汁液的时候；当它眼前出现了那个让它望而生畏的天牛，爪子已经伸到它的腹部，像是要占有一个猎物的时候；当桌子发生轻微的震颤，它以为是大地传来的震颤，断定有敌人在自己的洞穴附近挖掘，将要来袭的时候；当强烈的阳光照射到它的身上，对自己的敌人十分有利，而对喜欢昏黑的它不利，让它以为自己的安全受到威胁的时候，它就会立即做出反应，抛弃装死的骗术，立即逃命。但是，当一种灾祸对它构成威胁的时候，它通常采取它那装死的惯技，以骗过敌人。所以说，装死是它的看家本领。

在我以上所提及的那种危在旦夕的时刻，我的实验对象是在战栗，而不是继续装死。在这类危险之下，它已经方寸大乱了，慌不择路地拼命逃遁。它那一贯的伎俩已经不见了踪影，确切地说，它根本就无计可施了。所以说，它的静止不动，并不是装出来的，而是它的一种真实状态。是它复杂的神经紧张反应造成它一时间陷于动弹不得的状态之中。随便一种情况都会让它极度地紧张起来，随便一种情况都可以让它解除这种僵直状态——特别是受到阳光的照射。阳光是促发活力的无与伦比的强烈刺激。

我觉得，在受到震动后长时间保持静止状态方面，可以与大头黑步甲相提并论的是吉丁中的一种，即烟黑吉丁。这种昆虫个头儿不小，浑身黑亮，胸甲上有白粉，喜欢在刺李树、杏树和山楂树上待着。在某些情况之下，你有可能发现它把爪子紧紧地收拢起来，触角耷拉着，仿佛僵死了一般，而且这种状态可以保持一个多小时。而在其他的情况之下，它总是一遇危险便迅速逃走。从表面上看，是气候因素在起作用，但我并不明白气候到底暗暗地发生了什么变化。在这种情况之下，一般来说，我发现它的僵直状态只是保持一两分钟而已。

烟黑吉丁在光线暗淡的地方一动不动，可我一把它移到充满阳光的窗台上，它立刻就恢复了活力。在强烈的阳光下只待几秒钟，它便把自己的一对鞘翅裂开，作为杠杆，骨碌一下，就爬了起来，立刻就想飞走。好在我眼疾手快，一把便摁住了它，没让它逃掉。这是一见到强光就惊喜、晒着太阳就狂热的昆虫，一到午后炎热的时候，它便趴在刺李树上晒太阳，如痴如醉，快活极了。

看见它如此喜欢酷热，我便立刻产生一种想法：如果在它装死的时候，立刻给它降温，那它又会做出何种反应呢？我猜想它会延长其静止状态。但这种方法使不得，因为一旦降温，有越冬能力的昆虫可能会被冻得麻木，随即进入冬眠状态。

我现在需要的不是烟黑吉丁的冬眠，而是要它保持充沛的活力。所以，我要让它处于徐缓的、有节制的降温状态，要让它像在相似的气候条件下一样，依然具备它平时那样的生命行为方式。于是，我动用了一种很合适的保冷材料——井水。我家的那口水井，夏季里，水温要比外面气温低十二度，清凉清凉的。

我用惊扰的方法，把一只烟黑吉丁折腾得处于僵缩状态，然后，让它背朝下躺在一只小的大口瓶底上，再用盖子把瓶口盖紧盖严，放进一个装满冷水的小木桶里。为了使桶里的水保持低温，我不断地往桶里加井水。在加入新的井水时，我小心翼翼地先把原来桶内的井水一点一点地去掉。动作必须轻而又轻，否则便会惊动瓶子里的昆虫。

结果十分理想，我并没白费心思。那只烟黑吉丁在水中的瓶子里待了五小时，都没有动弹一下。五小时可不算短，而且，如果我再这么实验下去，它可能还会坚持很长时间的。但是，五小时已经很不错了，很能说明问题了，绝不要以为它这是在耍花招。毫无疑问，它此时此刻并不是在故意装死，而是进入了一种昏昏沉沉的麻木状态，因为我一开始把它折腾得只好以装死来对付，后来嘛，降温的方法又给它造成一种超乎寻常的延长休眠状态的条件。

我对大头黑步甲也采取了这种井水降温法，但它的表现却不如烟黑吉丁，在低温下保持休眠状态的时间没有超过五十分钟。五十分钟不算稀奇，以往没有用降温法时，我也发现大头黑步甲静卧过这么长时间。

现在，我可以下结论说，吉丁类昆虫喜欢灼热的阳光，而大头黑步甲是夜游者，是地下居民。因此，在进行“冷水处理”时，吉丁与大头黑步甲的感受就不尽相同。温度降低之后，怕冷的昆虫会惊魂不定，而习惯于地下阴凉环境的昆虫则不以为然。

我继续沿着降温的这一思路进行了一些实验，但并未发现什么新的情况。我所看到的是，不同的昆虫在低温下保持休眠状态的时间之长短，取决于它们是追求阳光者还是喜欢阴暗者。现在，我再换一种方法来试一试看。

我往大口瓶里滴上几滴乙醚，让它挥发，然后，把同一天捉到的一只粪金龟和一只烟黑吉丁放进瓶里。不多一会儿，这两只实验品便不动弹了，它们被乙醚给麻痹了，进入了休眠状态。我赶紧把它们取了出来，背朝下地放在正常的空气之中。

它俩的姿态与受到撞击和惊扰后的姿态一模一样。烟黑吉丁的六只足爪，很规则地收缩在胸前；粪金龟的足爪则是摊开来的，不成规则地叉开着。它们是死是活，一时还说不清楚。

其实，它们并没有死。两分钟后，粪金龟的跗节便开始抖动，口须在震颤，触角在缓缓地晃动。接着，前爪活动起来。又过了将近一刻钟，其他爪子也都乱摇动开来。因碰撞震动而采取静止状态的昆虫，很快就会采取动态姿态的。

但烟黑吉丁却如死一般地躺着，好长时间也不见它动弹，一开始，我真的以为它死了。半夜里，它恢复了常态，我是第二天才看到它已经像平时一样地在活动的。我在乙醚尚未充分发挥效力之前，便及时地停止了这种实验，所以没有给烟黑吉丁造成致命的伤害。不过，乙醚在它身上所起的作用要比在粪金龟身上所起的作用严重得多。由此可见，对碰撞震动和降低温度比较敏感的昆虫，同样对乙醚所产生的作用也很敏感。

这种敏感性上的微妙差异，说明了为什么我用同样的撞击和手捏方法使两种昆虫处于静止不动状态之后，它们的表现会有这么大的区别。烟黑吉丁静卧姿态保持近一小时，而粪金龟则只待了两分钟就在摇晃自己的足爪了。直到今天为止，我也只是在少有的情况之下，才见到粪金龟能坚持两分钟的静卧姿态。

烟黑吉丁体形大，且有坚硬的外壳保护身体，它的外壳硬得连大头针和缝衣针都扎不透。既然如此，为什么它那么爱装死，而无坚硬外壳保护的小粪金龟却无须装死来保护自身呢？这种情况，在不少的昆虫身上也都是存在的。各种昆虫当中，有些会长时间地一动不动，有的却坚持不了一会儿；仅仅依照接受实验的昆虫的外形、习性来预先判断其实验结果，是完全不可能的。譬如，烟黑吉丁一动不动的时间保持得很长，那么，就可以断定与它同属的昆虫，因其类别相同，就一定同烟黑吉丁的表现是一样的吗？我碰巧捉到了闪光吉丁和九星吉丁。我在对闪光吉丁做实验时，它硬是不听我的指挥。我把它背朝下地按住，它就拼命地抓我的手，抓住我捏着它的手指，只要让它的背一着地，它就立即翻过身来。而九星吉丁却不用费劲儿就能让它静卧着不动，只是它装死的时间也太短了！顶多也就是四五分钟而已！

我在附近山间碎石下经常可以发现一种墨纹甲虫，它的身子很短小，且有一股怪味。它能持续一个多小时一动不动，可以与大头黑步甲相提并论了。不过，必须指出，在大多数情况之下，它只坚持几分钟的僵死状态，便立即恢复常态。昆虫能长时间地坚持一动不动，是不是它们喜欢暗黑的习性造成的？完全不是，我们看一看与墨纹甲虫同属一类的双星蛇纹甲虫就十分清楚了。双星蛇纹甲虫后背滚圆滚圆的，仰身翻倒后，立即便翻过身来。还有一种拟步行虫，脊背扁平，身体肥实，鞘翅因无中缝而无法帮它翻身，因此，它静止不动，装死一两分钟之后，便在原地仰卧着拼命踢蹬、挣扎。

鞘翅目昆虫因腿短，迈不了大步，逃命时速度不快，因此，它应该比其他昆虫更加需要以装死来欺骗敌人，但实际上并非如此。我逐一地观察研究了叶甲虫、高背甲虫、食尸虫、克雷昂甲虫、碗背甲虫、金匠花金龟、重步甲、瓢虫等一系列昆虫，它们全都是静止几分钟，甚至几秒钟，便立即恢复了活力。还有不少种类的昆虫，根本就不采取装死这一招。总之，没有任何的昆虫指南可以让我们事先就能断定，哪种昆虫喜欢装死，哪种昆虫不太愿意装死，哪种昆虫干脆就拒绝装死。如果不经过实验就先下断言，那纯粹是一种主观臆测。

（本篇选自原著第七卷）

昆虫的“自杀”

人们不会去模仿自己根本就不认识的人，也不会假扮成自己所不了解的人，这一点是显而易见的。所以说，要想装死，就必须对死亡多少有点了解。

昆虫，或者更确切地说，动物，它们对有限的生命会有预感吗？它们会在自己那极其简单的脑子里思考生命终止这一可怕的问题吗？这种对生命的最后时刻所感到的惊恐不安，既是人所感到的最大痛苦，也是人之所以伟大的一个证明。命运卑微的动物就不存在这种不安。它们与意识模糊的小孩子一样，只享受现在，不考虑未来。它们摆脱了“人生苦短”的忧虑，生活在一种蒙昧无知的甜美的宁静之中。

少年时期，中学时代，我也是个淘气包。我常常与几个同学，在放学回家的路上，到河边去摸那种很小的花鳅。鱼儿被我们抓到之后，拼命地挣扎，没有装死的样子。我们也常去抓鸟，鸟被抓到之后，吓得浑身哆嗦，但也没见它装死。可有一次，我看到火鸡（我们附近养火鸡的人家很多），我便突发奇想：我要折腾折腾火鸡。圣诞将至，它将成为大家节日的盘中餐了。我便把家中的一只火鸡的脑袋别在它的翅膀下面，一边用手摁住它，不让它动弹，一边从上往下慢慢地摇晃它两三分钟。奇怪的结果出现了，我的实验对象变成了一堆没有了生气的东西，它侧着身子倒在地上，任由我摆弄它。如果它那时而膨胀起来，时而瘪了下去的羽毛没有显露出它仍然在呼吸的话，我还真的以为它已经死了。它确实像只死鸟。它把自己那变得凉冰冰、足趾蜷缩起来的爪子缩到肚腹下面，让人看着十分可怜。圣诞节、平安夜尚有几天才到，它就这么死了，那可就太早了点。但是，我白担心了。它醒了，站立起来，只是身子有点摇晃，站立不稳，而且尾巴耷拉着，没精打采的样子。但这种状况并未持续多久。不一会儿，它又恢复了常态，欢蹦乱跳起来。

这种迷迷糊糊、昏昏沉沉、麻木迟钝的状态介于熟睡与死亡之间，持续的时间有长有短。我又多次用火鸡做过实验，每一次都出现这种适当间隔的静止状态，有时持续半小时，有时则只持续几分钟。同昆虫一样，想要弄清楚原因，并非易事。后来，我又用珠鸡做了相同的实验，做得非常成功。它那昏昏沉沉、迷迷糊糊、麻木迟钝的状态持续了很长时间，以致我当时都有点忐忑不安了。它的羽毛不像火鸡那样，没有起伏，无一点生命的迹象，我真的以为它已经给憋死了。我用脚轻轻地把它挪动了一下，但它一点反应也没有。我又把它挪动了一下，只见它把脑袋从翅膀底下扭出来，站立住，平衡了一下身体，立刻便飞跳着逃走了。它那麻木状态维持了半个钟头。

我后来又对母鸡、鸭子、鸽子、雏鸟、翠鸟进行了实验。母鸡、鸭子、鸽子的麻木状态保持得较短，只有两分钟左右，而雏鸟和翠鸟则更加顽固，半睡半醒状态只有几秒钟。

我们还是关注我们的昆虫吧。昆虫从静止不动状态恢复到活动状态，呈现出十分值得注意的特点。我们曾用乙醚对实验对象进行过实验，它们确实是被催眠了，一动不动。它们并不是在耍花招，这一点是毫无疑问的。它们真的是处于死亡的边缘。如果我不及时地把它们从散发着乙醚气味的大口瓶里弄出来，那它们永远不会从麻木状态中苏醒过来，最后，必死无疑。

它们身上究竟是什么在预示它们生命的恢复呢？那就是：它们脚上的跗节在微微颤动，触须在微微颤抖，触角在摇晃摆动。这就像人一样，从酣睡中醒转来时，伸伸胳膊腿儿，打打哈欠，揉揉眼睛。昆虫也是先摇动自己那些细小的趾肢节和最易活动的器官，以示其知觉的恢复。

如果昆虫真的是在耍花招施诡计的话，它又有什么必要去做这些细致的苏醒准备动作呢？危险一旦消除，或者被认为已经消除，它为什么不迅速站立起来，尽快逃脱，何必慢慢腾腾地做那些很不合适的假动作呢？它难道会狡猾到在最小的细节上也要假装复活不成？绝对不是这么一回事。这种看法是毫无道理的。脚上跗节的颤动，触须和触角的晃动，都明显地说明存在着一种真正的、即将消失的昏沉迷糊的状态，这种状态与乙醚麻醉所造成的后果相似，只是程度较轻而已。脚上跗节的颤动表明，被我折腾得动弹不了的实验对象，并不是民间传说或流行的理论所坚持的那样，说昆虫是在装死。它确确实实是被施行了催眠术。

经敲击物体引起的震动的影响，或者突然间遭受惊吓，昆虫便陷入一种迷迷糊糊、昏昏沉沉的麻木状态。这种状态就像是鸟儿把头埋在翅膀下面，原地晃晃悠悠地站立一会儿一样。对于我们人来说，突然看见恐怖的事情，我们会惊呆，茫然不知所措，有时甚至因此而丧命。作为高等动物的人尚且如此，那么，反应极其敏锐的昆虫，其生理机能在遇到可怕事物的震慑惊吓时，怎能承受得住，怎能不暂时就范呢？如果惊恐程度不太严重，昆虫在片刻的痉挛之后，很快就会恢复常态，惊恐症状也就随之得以缓解；如果惊恐程度很严重，它就会突然进入催眠状态，好长时间僵直不动。

昆虫根本就不知道死亡是怎么回事，它又怎么会装死呢？当然是不可能的。昆虫同样也不知道自杀是怎么回事，根本不知道自杀是用来立刻终止极其痛苦状况的一种手段。据我所知，我还没见到过有什么动物自动剥夺自己生命的名副其实的自杀实例。富于情感的昆虫，有时会任凭苦恼去折磨自己，直至神形憔悴，这种事情倒是有的；但是，像人类用匕首刺死自己、用小刀割断自己的喉咙等这些事，却从未见到过。

说到这儿，我倒是想起了蝎子自杀的事来。对于蝎子是否会自杀，众说纷纭，有人认为确有其事，有人则持否定态度。有人说，蝎子被一圈火围住之后，就用带毒的螯针扎自己，直到自杀成功为止。这故事究竟有多少真实的成分？我们亲自来做个实验看看。

我所住的环境为我提供了便利的条件。我在几只大泥瓦罐里铺上一层沙土，再放上几片碎瓦片，养着一群怪模怪样的昆虫。我一直在企盼着它们向我提供一些有关昆虫习性方面的事实，但它们不肯满足我的愿望。我养的是南方的那种大白蝎，一共有十二对。附近小山上阳光充足的沙质土地带，有许多扁平的石条，每块石条下面都居住着一只蝎子，孤零零的，但这个可憎可恶的丑陋家伙无处不在，多得不得了。这种大白蝎子恶名在外。

它的毒针到底有多厉害，我未亲身经历，所以也说不清楚。可是，我书房里就关着这群可怕的囚徒，我总得与它们接触。需要去查看它们时，必然会有危险，所以我加倍小心，注意避开它们的锋芒。既然我自己没有亲自尝到过它们的厉害，我便只好向别人求教。我让曾经被蝎子蜇过的人谈谈他们被蜇的体验。这些人主要是打柴的樵夫，他们长年在山上砍柴，难免一不注意就会被蝎子蜇上一下。其中有一位曾经告诉我说：“我吃完了午饭，靠在柴捆上打了个盹儿。突然间，一阵钻心剧痛把我疼醒了。那滋味就好像是被烧红了的钢针给扎了一下似的。我赶紧伸手去摸，一把摁住了一个乱爬乱动的家伙。是只蝎子！它钻进我的裤腿里去了，在我小腿肚子下边一点儿蜇了我一下。这只丑陋不堪的小怪物，足有人手指头那么长。喏，这么长，先生，这么长。”

这位老实忠厚的樵夫边说边比画着，还把自己那根长长的食指伸出来。我并不觉得手指长的蝎子有什么可惊奇的，因为我在野外捕捉昆虫时，时不时地也要碰到蝎子，比手指长的有的是。

“我还想继续干活儿，”那位忠厚的樵夫继续对我说道，“可我浑身直冒冷汗，眼瞅着那条腿渐渐地肿胀起来，肿得有这么粗，先生，这么粗。”

他比画着肿胀的腿。然后，又张开双手，空掐在小腿周围，比画成有一只小水桶那么粗的圈圈来。

“真的，有这么粗，先生，这么粗。我一步三挪，使出吃奶的劲儿，忍着剧痛，才回到家里，其实也只有一百多米那么点儿路而已。小腿越肿越厉害，还在往上肿去。第二天，已经肿到这么老高的地方了。”

他用手指了指，告诉我已经肿到小腿窝儿那儿了。

“真的，先生，整整三天，我下不了床，站不起来。我咬紧牙关，拼命忍着，把肿腿跷到一把椅子上。敷了好几次碱末，总算把肿消了下去，喏，才恢复到现在这个样子。先生，您看。”

说完自己被蜇的经历之后，他也跟我讲述了另一个樵夫的故事。那人也被蝎子蜇了小腿下部。那个樵夫走出老远去砍柴，被蜇了之后，没有力气走回家去，走着走着便倒在了路边。后来，被几个过路人发现了，于是抱头的抱头，抱腰的抱腰，抱腿的抱腿，总算把他送到了家里。“他们就像在抬死尸一样，先生。真的，就像抬死尸一样！”

这位讲述者带着乡下人的风格在叙述着，说话时比画个没完，我却并不觉得他夸张。人要是被蝎子蜇了，那疼痛确实是难以描述的。而蝎子要是被自己的同类蜇了一下，那它很快就会支持不住。对此，我有很大的发言权，因为我亲自做过多次的观察研究。

我从我的“动物园”里取出两只强壮的大蝎子，把它俩同时放进一个大口瓶的沙土底儿上。然后，我拿起一根稻草梗儿，去撩拨它们，激怒它们，并让它们往后倒退，最后，相互碰上。这两个受到骚扰的大家伙，本来就怒火中烧，仇人相见，分外眼红。这怒火是我给挑起来的，但看上去，它俩都把这挑衅的罪责算到了对方的头上。双方都把自己的防御武器——钳子举起，呈月牙儿形；钳口大张，顶着对方，不让对方靠近自己；两条蝎子尾巴你一下我一下地突然伸出，从背部上方向前刺去；毒囊不断地顶撞在一起，一小滴如清水般的毒汁挂在螯针的硬尖上。

格斗进行的时间并不长。其中一个被另一个的毒针刺中，只见它没过两三分钟，便站立不住，摇摇晃晃，倒在了地上。得胜者毫不客气，走上前去，平静如常地开始撕咬战败者的头胸前端，也就是撕咬我们想找到蝎子头却看到的只是个肚腹前口的地方。它一口一口慢慢地撕咬，时间拖得很长。一连四五天，食同类尸体的战胜者一直没有停止过啃噬自己的同类。它要把战败者吃掉，其理由有一点是可以予以谅解的：这个行为对战胜者来说是正大光明的。

我从观察中掌握了真实的情况：蝎子的毒螯针能够使自己的同类即刻毙命。现在，我想谈一谈蝎子的自杀问题，也就是有人说过的那种自杀法。如果按人们所说，蝎子被一圈火炭围住，它便会用螯针蜇自己，最后，以自愿死亡来结束这失常的状态。如果真的是这样的话，那么，对这种野性十足的昆虫来说，应该是一件很理想的事。现在，还是让我们来看一看吧。

我用烧红的木炭围成一个圆圈，把我养着的那只个头儿最大的蝎子置于圈中。风助火势，木炭越烧越旺。热浪滚滚，向圈中的蝎子袭去，灼热难耐，只见它一个劲地倒退着在火圈内打转。稍不注意，身体便被火苗灼一下，它便左一闪右一躲，突然加快倒退，不顾方位地瞎冲瞎奔，免不了身体又不时地遭到火灼。它每次想逃出重围，都被狠狠地烧一下。它变得狂躁不安。往前冲，被烧一下，往后退，又挨火灼一下，它进也不是退也不是，既绝望又愤怒。只见它怒气冲冲地挥舞着自己的长枪，再反卷成钩子，然后伸直，平放于地，接着便把长枪举起。它的动作迅疾而又章法不乱，简直让我眼花缭乱，惊叹不已。

现在，它该给自己一枪了，以便摆脱这进退维谷的境地。谁知道，它竟突然一阵抽搐，然后便一动不动了，身体直直地平躺在地上。等了一会儿，仍不见它有所动作，像是完全僵直了。它真的死了？也许在它那让人眼花缭乱的狂舞中，有一剑刺中了自己，我却没有看到。如果它真的是用自己的短剑刺中自己的身体，以自杀术得以解脱，那它肯定是死了。

但是，我心中总是存有疑惑。于是，我便用镊子把看上去已经死了的蝎子夹起来，放在一层清凉的沙子上面。一小时之后，这个看上去已无生命迹象的蝎子却突然复活了，与放进火圈之前一样活泼，虎虎有生气。我又用第二只、第三只蝎子做了同样的实验。结果同第一只蝎子的情况完全一样：它们因绝望而发狂，突然间一动不动，像遭雷击似的瘫软地平躺在地上；被放到清凉的沙子上时，又都突然地生机勃发了。

由此可以断定，说蝎子会自杀的人，一定是被它那突然失去生命力的假象给蒙骗了；他们看见蝎子身陷火墙的高温之中，于绝望之中变得疯狂至极，浑身抽搐，猝然倒地，便以为它经过垂死挣扎，终于自杀身亡了。他们过早地得出一个错误的结论，以致让蝎子在火墙中活活地烤焦了。如果他们不是那么轻信表面现象，早点儿把蝎子从火墙内取出，置于清凉的沙子上，那他们大概早就会发现，表面上看似死去了的蝎子会恢复生命活力，就会得出结论说，蝎子根本就不知道什么叫自杀。

可以说，除了高级动物——人以外，任何具有生命的生物都不具有自愿结束生命的这种视死如归的精神力量。我们人，自以为具有很大的勇气和魄力从生活的苦难中自行解脱，把这种解脱视为人的崇高特质，视为一种可以进入沉思境界的优势，好像这是人优于其他动物的一种标志。然而，我们一旦真的把这种精神付诸行动，实际上是一种懦弱的表现。

谁若是想走上自杀这条道路，最好想一想中国一位伟大的哲人——孔子在两千五百年前所说的话。这位中国哲人有一天在树林中遇到一个陌生男子，见他正往树杈上扔绳子做套，准备上吊，他便赶紧向那陌生人说了句话。伟大的哲人说："哀莫大于心死。哀皆可补，唯心死不能。勿以万事于子皆无可救。试以历多世而无争之理自服。此理为：活则无绝望之事。人能自至哀达至乐，自至难达至福。子其鼓勇若自今日起知生之所值。子其善用寸阴。”

这种中国式的哲思深入浅出，浅显易懂，但其寓意却十分深刻。它让人想起一位寓言作家的另一种哲学。

寓言家写道：

若我被人致伤致残，
缺腿断臂，患痛风，
只要我仍活着，
我便心满意足矣。

的确，中国的伟大哲人和这位寓言家说得都很有道理。生命是一种严肃的东西，不能因遇到一点艰难困苦就心烦意乱，轻易就把生命抛弃。我们不应把生命视为一种享乐、一种磨难，而是应该把它视为一种义务，一种只要一息尚存都必须全力以赴地去尽的义务。

让生命的最后一刻提前到来者，就是懦夫，就是蠢货。我们有权凭着自己的意愿决定坠入死亡深渊的方式，但这并不意味着我们有权轻生遁世。相反，这种自由意志的权利恰恰向我们提供了动物所毫无所知的向前看的本领。

只有我们才知晓生命的欢乐会怎样结束；只有我们才能预见自己末日的到来；只有我们才对死者表示缅怀，怀有崇敬之情。凡此种种，都是一些重大的事情，这是其他动物所想不到的。当伪劣的科学在高谈阔论，在拼命让我们相信一只可怜的昆虫会耍花招装死的时候，我们要求这种科学应更贴近事物去进行观察研究，切莫把昆虫因恐惧而引发的昏厥状态，误以为它能装出自己根本并不知晓的状态。

只有我们人才能够清醒地认识到一种结局，只有我们人才具有想见到人世彼岸的卓越本能。地位卑微的昆虫们也在发表着自己的意见：“你们应有信心。本能是从来不会违背自己的诺言的。”

（本篇选自原著第七卷）

小小实验室：

法布尔先生做了哪些实验来证明昆虫并不会“自杀”呢？

他在文中引用了先贤孔子的一段话，并说出了自己对生命的理解。你如何理解孔子这段话呢？你可以查阅资料，看看我国古代哲人对生命的认知是怎样的。

金步甲的婚俗

众所周知，金步甲是毛虫的天敌，所以无愧于它那园丁的称号。它是菜园和花坛的警惕的田野卫士。如果说我的研究在这方面不能为它那久负盛名的美誉增添点什么的话，那至少我可以从下面的介绍中向大家展示这种昆虫尚未为人所知的一面。它是个凶狠的吞食者，是所有力不及它的昆虫的恶魔，但它也会惨遭灭顶之灾。是谁把它吃掉的呢？是它自己以及其他许多昆虫。

有一天，我在我家门前的梧桐树下看见一只金步甲慌忙地爬过。朝圣者是受人欢迎的，它将使笼中居民增强团结。我把它抓住后，发现它的鞘翅末端受到损伤。是争风吃醋留下的伤痕吗？我看不出有任何这方面的迹象。要紧的是它可不能伤得很厉害。我仔细地查验一番，看不见什么伤残，可以大加利用，便把它放进玻璃屋中，与二十五只常住居民为伴。

第二天，我去查看这个新寄宿者。它死了。头天夜里，同室居民攻击了它，那残缺的鞘翅没能护好肚腹，被对方给掏空了。破腹手术干净利落，没有伤及一点肢体。爪子、脑袋、胸部，全部完好无损，只是肚子被大开了膛，内脏被掏个精光。我眼前所见的是一副金色贝壳架，由双鞘翅合拢护着。对照一下被掏空软体组织的牡蛎，也没有它这么干净。

这种结果颇令我惊诧，因为我一向很注意查看，不让笼子里缺少吃食。蜗牛、鳃角金龟、螳螂、蚯蚓、毛虫以及其他可口的菜肴，我换着花样地放进笼中，使菜量充足有余。我的那些金步甲把一个盔甲受损、容易攻击的同胞吞吃掉，是无法以饥饿所致作为借口的。

它们中间是否约定俗成，伤者必须被结果，其要变质的内脏必须被掏空？昆虫之间是没有什么怜悯可言的。面对一个绝望挣扎的受伤者，同类中没有谁会驻足不前，没有谁会试图前去帮它一把。在食肉者之间事情可能变得更加悲惨。有时候，一些过往者会奔向伤残者。是为了安慰它吗？绝对不是，它们是为了去品尝它的味道，而且，如果它们觉得其味鲜美，则会把它吞吃掉，以彻底解除它的痛苦。

当时，有可能是那只鞘翅受损的金步甲暴露了它受伤的地方，同伴们受到了诱惑，视这个受伤的同胞为一只可以开膛破肚的猎物。但是，假如先前并没有谁受伤，那它们之间是否会相互尊重呢？从种种迹象来看，一开始，相互间的关系还是相安无事的。吃食时，金步甲们之间也从未开过战，顶多只不过是相互从嘴中夺食而已。它们在木板下躲着睡午觉，而且睡得很长，我也没见有过打斗。我那二十五只金步甲把身子半埋在凉爽的土中，安静地消食，打盹儿，彼此相距不远，各睡各的小坑。如果我把遮阴板拿掉，它们就立刻惊醒，纷纷四下逃窜，不时地相互碰撞，但并不干仗。

平静祥和的气氛很浓，似乎会永远这么持续下去，可是，六月，天刚开始热，我查看时发现有一只金步甲死了。它没有被肢解，同金色贝壳一模一样，如同刚才被吞食的那只伤残者的样子，使人想到一只被掏干净的牡蛎。我仔细查看了残骸，除了腹部开了个大洞，其他地方完好无损。由此可见，当其他的金步甲在掏空它时，它是处于正常的状态的。

不几天，又有一只金步甲被害，同先前死的一样，护甲全都完好无损。把死者腹部朝下放好，它似乎好好的；而让它背冲下的话，它便是一只空壳，壳内没有一点肉了。稍后不久，又发现一具残骸，然后是一只又一只，越来越多，以致笼中居民迅速减少。如果继续这么残杀下去的话，那我的笼子里很快就什么也没有了。

我的金步甲们是因年老体衰，自然死亡，幸存者们瓜分死者尸体呢，还是牺牲好端端的生者以减少人口呢？想弄个水落石出并非易事，因为开膛破肚的事是在夜间进行的。但是，我因时刻警惕着，终于在大白天撞见过两次这种大开膛。

将近六月中旬，我亲眼看见一只雌金步甲在折腾一只雄金步甲。后者体形稍小，一看便知是只雄的。手术开始了。雌性攻击者微微掀起雄金步甲的鞘翅末端，从背后咬住受害者的肚腹末端。它拼命地又拽又咬。受害者精力充沛，但并不反抗，也不翻转身来。它只是尽力在往相反的方向挣扎，以摆脱攻击者那可怕的齿钩，只见它被攻击者拖得忽而进忽而退的，未见其他任何抵抗。搏斗持续了一刻钟。几只过路的金步甲突然而至，停下脚步，好像在想："马上该我上场了。"最后，那只雄金步甲使出浑身力气挣脱开来，逃之夭夭。可以肯定，如果它没能挣脱的话，那它肯定就被那只凶残的雌金步甲开膛了。

几天过后，我又看到一个相似的场面，但结局是完满的。仍旧是一只雌性金步甲从背后咬一只雄性金步甲。被咬者没做什么抵抗，只是徒劳地在挣扎，以求摆脱。最后，皮开肉裂，伤口扩大，内脏被悍妇拽出吞食。那悍妇把头扎进其同伴的肚子里，把它掏成个空壳。可怜的受害者爪子一阵颤动，表明已小命休矣。刽子手并未因此心软，继续尽可能地往腹部深深掏挖。死者剩下的只是合抱成小吊篮状的鞘翅和仍旧连在一起的上半身，其他一无所剩。被掏得干干净净的空壳便被撇在原地。

金步甲们大概就是这样死去的，而且死的总是雄性，我在笼子里不时地看见它们的残骸。幸存者大概也是这般死法。从六月中旬到八月一日，开始时的二十五个居民骤减至五只雌性金步甲了。二十只雄性全都被开膛破肚，掏个干干净净。被谁杀死的？看样子是雌金步甲所为。

首先，我有幸亲眼所见，可以为证。我两次在大白天看见雌金步甲把雄的在鞘翅下开膛后吃掉，或至少试图开膛而未遂。至于其他的残杀，如果说我没有亲眼看见的话，我却有一个非常有力的证据。大家刚才全都看见了：被抓住的雄金步甲没有反抗，没有进行自卫，而只是拼命地挣扎、逃跑。

如果这只是日常所见的对手之间的寻常打斗，那么被攻击者显然会转过身来的，因为它完全有可能这么做。它只要身子一转，便可回敬攻击者，以牙还牙。它身强力壮，可以搏斗，定能占到上风，可这傻瓜却任凭对手肆无忌惮地咬自己的屁股。似乎是一种难以压制的厌恶在阻止它转守为攻，也去咬一咬正在咬自己的雌金步甲。这种宽厚令人想起朗格多克蝎，每当婚礼结束，雄蝎便任由其新娘吞食而不去动用自己的武器——那根能致伤恶妇的毒螯针。这种宽容也让我回想起那个雌螳螂的情人，即使有时被咬剩一截了，仍不遗余力地继续自己那未竟之业，终于被一口一口地吃掉而未做任何的反抗。这就是婚俗使然，雄性对此不得有任何怨言。

我喂养在笼子里的金步甲中的雄性，一个一个地被开膛破肚，一个不剩，这也是在告诉我们那同样的习性。它们是已经对交尾感到满足的雌性伴侣的牺牲品。从四月至八月的四个月里，每天都有雌雄配对，有时是浅尝即止，有的时候，而且比较经常的是有效的结合。对于这些火辣辣的性格来说，这绝对是没有终结的。

金步甲在情爱方面是快捷利索的。在众目睽睽之下，无须酝酿感情，一只过路的雄金步甲便向一眼见到的雌金步甲扑将上去。雌金步甲被紧紧搂住，微微昂起头来，以示赞同，而在其上的雄金步甲便用触角尖端抽打对方的脖颈。迅即就交配完毕，双方立即分开，各自跑去吃蜗牛，然后又各自另觅新欢，重结良缘，只要有雄金步甲可资利用即可。对于金步甲来说，生活的真谛即在于此。

在我养的金步甲园地里，男女比例失调，五只雌的对二十只雄的。但这并不要紧，没有什么争风吃醋的拼搏。雄性平和地占用、滥交遇上的雌性。有了这种忍让精神，早一天晚一天，机会多的是，经过多次相遇相试，每个雄性都能泄掉自己的欲火。

我本想让雌雄比例趋于合理的，但纯属偶然而非有意才造成这种比例失调的。初春时节，我在附近石头下捕捉遇上的所有金步甲，不问是公是母，而且仅从外部特征去看也挺难辨出雌与雄来。后来，在笼子里喂养之后，我知道了，雌性明显地要比雄性大一些。所以说，我那金步甲园地里的雌雄比例严重失调实属偶然所致。可以相信，在自然条件下，不会是雄性比雌性多这么多的。

再说，在自由状态之中，不会见到这么多金步甲聚在一块石头下面的。金步甲几乎是孤独生活着的，很少看见两三只聚在同一个住所里。我的笼子里一下子聚着这么多实属例外，而且还没有导致纷争。玻璃屋中场地挺大，足够它们爬来爬去，自由自在，优哉游哉。谁想独处就可以独处，谁想找伴儿马上就能找到伴儿。

再说，囚禁生活似乎并不怎么让它们感觉厌烦，从它们不停地大吃大嚼，每日一再地寻欢交尾就可以看得出来。在野地里倒是自由，但没这么受用，也许还不如在笼子里，因为野地里食物没有笼子里那么丰盛。在舒适度方面，囚徒们也是身处正常状态，完全满足了它们的日常习俗。

只不过在这里同类相遇的机会比在野地里多。这也许对雌性来说是个绝妙的机会，它们可以迫害它们不再想要的雄性，可以咬雄性的屁股，掏光它们的内脏。这种猎杀自己的旧爱的情况因相互比邻而居而加剧了，但是肯定没有因此就花样翻新，因为这种习性并非是一时兴起所造就的。

交尾一完，在野外遇见一只雄性的雌金步甲便把对方当成猎物，将它嚼碎，以结束婚姻。我在野地里翻动过不少石头，可从未见到过这种场景，但这并没有关系，我笼子里的情况就足以让我对此深信不疑了。金步甲的世界是多么残忍呀，一个悍妇一旦卵巢中有了孕而无须情人时便把后者吃掉！生殖法规拿雄性当成什么，竟然如此这般地残害它们?

这类相爱之后同类相食的现象是不是很普遍？目前来说，我已经知晓有三类昆虫是这么一种情况：螳螂、朗格多克蝎和金步甲。在飞蝗这个种族中，情况没有这么残忍，因为被吃掉的雄性是死了的而非活着的。白额雌螽斯很喜欢一点一点地嚼其已死情人的大腿。绿蝈蝈也是这种情况。

在一定程度上，这里面有个饮食习惯的问题：白额螽斯和绿蝈蝈首先都是食肉的。遇见一个同类尸体，雌虫总是多少要吃上几口的，不管它是不是其昨夜情郎。猎物就是猎物，没有什么情郎不情郎的。

可是素食者又是怎么回事呢？接近产卵期时，雌性距螽竟冲着它那尚活蹦乱跳的雄性伴侣下手，剖开后者的肚子，大吃一通，直至吃饱为止。一向温情可爱的雌性蟋蟀性格会突然变得暴戾，会把刚刚还给它弹奏动情的小夜曲的雄性蟋蟀打翻在地，撕扯其翅膀，打碎它的小提琴，甚至还对小提琴手咬上几口。因此，很有可能这种雌性在交尾之后对雄性大开杀戒的情况是很常见的，特别是在食肉昆虫中间。这种残忍的习性到底是什么原因促使的呢？如果条件允许的话，我一定要把它弄个一清二楚。

（本篇选自原著第十卷）

昆虫的日常生活

圣 甲 虫

做窝筑巢、维护家庭，表现的是种种本能特性中最崇高的一种。鸟儿这灵巧的建筑师告诉了我们这一点，在本领方面更加多样化的昆虫也让我们见识了这一点。昆虫对我们说："母爱是本能的崇高灵感。"母爱旨在维护族类长期繁衍，这是远胜于保护个体的更加利害相关的大事，因此母爱在唤醒最迟钝的智力，使之高瞻远瞩。母爱远远高于神圣的源泉，不可思议的心智灵光便孕育其中，并会突然迸射而出，使我们顿悟一种避免失误的理性。母爱愈坚，本能愈优。

在这一方面最值得我们关注的是膜翅目昆虫，它们身上凝聚着最充分的母爱。它们所有的本能才干都倾注于为自己的子孙后代觅食谋屋。为了其复眼再也看不到而其母爱之预见性深深知晓的家族繁衍，它们是种种天赋才能中的行家里手。有的是棉织品和许多絮状物品的编织能手；有的是细叶片篓筐的能工巧匠；有的是泥瓦匠，建造水泥房间、砖石屋顶；有的是陶瓷行家，用黏土制作高档的尖底瓮、坛罐和大肚瓶；有的擅长挖掘，在湿热的地下建造神秘的地宫。它们掌握着成百上千种技艺，与我们人类所掌握的相仿，甚至有些还不为我们所知，它们就已经用于住房的建设了。随即便得考虑将来的食物：一堆堆的蜜，一块块的花粉糕，精心制作的野味罐头……这类工程是专以家庭的未来为目的的，其中闪烁着在母爱激励之下本能的种种最高表现。

昆虫学范围内的其他一些昆虫，一般来说母爱都很浮皮潦草，敷衍塞责。大多数的昆虫，只是把卵产在合适的地方就不管了，任由幼虫冒着危险去寻觅居所和食物。抚养如此马虎，才干有没有也就无所谓了。莱喀库斯①把各种艺术统统从其共和国驱逐出去，他指责这些艺术是使人们萎靡不振、意志消沉的玩意儿。就这样，在以斯巴达方式养育的昆虫中，这些本能的高级灵感也就被去除了。母亲从温柔甜蜜的育婴中摆脱出来，那么一切特性中最最优秀的智能特性也就逐渐减弱，直至泯灭，因为不管是对于动物还是对于人类，家庭的确是尽善尽美的源泉。

如果说对子孙后代关怀备至、体贴入微的膜翅目昆虫令我们赞叹不已，那么不顾后代死活，任其听天由命的其他昆虫就显得很不像话了。而所谓的“其他”昆虫则几乎是昆虫之全部。就我所知，在各地的动物志中，为自己的家人准备食物和住所的昆虫只有两种：采蜜的昆虫和埋野味篓的昆虫。

而奇怪的是，这类在细腻的母爱方面可与以花为食的蜂类相媲美的昆虫，竟然是以垃圾为对象，以净化被牲畜污染的草地为己任的食粪虫类。要想再找到不忘母亲职责又有丰富的母性本能的昆虫母亲，就必须离开芬芳四溢的花坛，转向大马路上被骡马拉下的粪堆。大自然中类似的两个极端比比皆是。对于大自然来说，我们的丑和美，我们的龌龊与干净算什么？大自然以污秽创造出鲜花，用一点点粪肥就能给我们创造出优质的麦粒。

各种食粪虫尽管成天与粪便打交道，却享有一种美誉。它们的身材一般都小巧玲珑，穿戴庄重而且无可挑剔地光鲜，身子胖乎乎的，呈短壮体形，额头和胸廓上都佩戴着奇异饰物，因此在收藏家的标本盒里显得光彩照人，尤其是我国的那些品种，乌黑油亮，外加一些热带的品种，金光闪烁，黑紫油亮。

它们是畜群挥之不去的客人，但它们身上可散发出一种苯甲酸的微微香气，可以净化一下羊圈里的空气。它们那田园诗般的习性令昆虫分类词典的编纂者们大为震惊，因此他们这些以前不怎么关心其痛痒的学者们，这一回却改变了看法，对它们进行简介时也用上了一些听起来好听顺耳的名字：梅丽贝、迪蒂尔、阿曼达、科利冬、阿莱克西丝、莫普絮斯等。这些名字都是古代田园诗人们常用且叫响了的名字。维吉尔②式的田园诗中的词汇被用来赞颂食粪虫了。

一堆牛粪堆儿上，瞧那个你争我夺的劲头儿呀！从全球各地蜂拥到加利福尼亚的淘金者们也没有它们的那股狂热劲儿。在太阳太毒之前，它们成百成百地奔来，大大小小，形状各异，体形有长有短，品种齐全，全都乱糟糟地爬来滚去，意欲在这个大蛋糕上为自己分上一份儿。有的在露天干活儿，在表层搜刮；有的钻进厚实的牛粪堆里，挖出地道，寻找优质矿脉；有的开凿底层，立即把财宝埋进地里；那些个头儿小又无力气的则待在一旁捡拾其身强力壮的合作者们掉下的渣渣屑屑什么的。有几个新来的想必是饿得不行，在原地就吃上了，但大多数则是想大捞一把，藏于安全之处，以备不时之需。当你置身于百里香遍地的原野时，一点新鲜牛粪都见不到，突然来到这里，见到这么大堆大堆的宝物，那真是天赐之物呀，只有有福分的才这么幸运。因此，它们便把今天这宝贵财富小心谨慎地收藏起来。粪香四溢，方圆一公里都能闻到，食粪虫们闻讯纷纷赶来，抢夺、瓜分这些美味食品。有几个落在后面的又跑又飞地正忙着往前赶哩。

那个生怕到得太晚而向着粪堆一溜儿小跑的是哪一位？它那长长的爪子僵硬笨拙地倒腾着，仿佛其肚腹下面有一个机械在推动着似的；它的那对棕红色小触角大张开来，透着垂涎欲滴的焦急不安。它在拼命地赶，它赶到了，还撞倒了几位食客。它就是圣甲虫，一身墨黑，是食粪虫中个头儿最大又最有名气的一种。古埃及对它尊崇备至，把它视作长生不老的象征。它已入席，与其同桌的食友并肩战斗，其食友们正在用自己宽大的前爪心轻轻地拍打粪球，进行最后的加工，或者再往粪球上加上最后一层，然后抽身而去，回家安安心心地享用自己的劳动成果。我们来看一看那有名的粪球的一道道制作工序。

圣甲虫头部边缘是个帽子，宽大扁平，上有六个细尖齿，排成半圆。这就是它的挖掘和切割工具，是它的叉耙，可以用来撬起和抛撒无养分的植物纤维，把好东西耙在一起积聚起来。挑选食物就是这样进行的，因为对于这些精细的行家来说，什么好什么差它们是十分清楚的。如果圣甲虫是为自己寻找食物的，它们选个差不离儿就行了，但如果是为自己的孩子考虑，它们则会严格挑选，一丝不苟。

为解决自己的食物问题，圣甲虫并不挑剔，粗略地选一选就行了。它用带齿的头盔拱一拱，挑一挑，去除不需要的，然后把其他的归拢一下就得了。两条前腿一起用力地忙乎。其前腿是扁平的，弯成弓形，上有粗壮的纹脉，外侧配备着五个硬齿。假如需要用力，推开障碍物，在粪堆中最厚实的部分清出一条道来，圣甲虫便用肘力，也就是说用其带齿的前腿左扫右拨，再用齿耙用力一耙，便清出一个半圆形的空地来。场地清好之后，前腿还有另一种工作要做：把顶耙耙到的东西归拢在一起，弄到自己肚腹下面的后面四只爪子之间去。这后面四只爪子是生来就为了做旋工工作的。这些足爪，尤其是那最后的一对，又细又长，微微弯曲成弓形，顶端长有一个很锋利的尖爪。稍许看上一眼就会知道它们酷似圆规，在其弧形支脚之间，环成一种球形，可测量球面，加工球形。它们的功用确实是加工粪球。

食物一耙一耙地被耙到肚腹下面的四条腿中间，后腿再稍一用力，就把粪球的雏形按腿部曲线挤压成了。然后，这雏形粪球不时地被四条后腿形成的两副圆规摇动、挤压，逐渐变小变实，再由肚腹加工，粪球的形状臻于完善。如果粪球表面层太硬，有剥落的危险的话，如果某一部分纤维太多，无法旋的话，前腿就对不合适的地方进行再加工，它们用宽大的拍子轻轻拍打粪球，使得新添加的东西与原先拍得很实的部分合二为一，并把那些不易粘贴的东西拍实在粪球上。

烈日当空，加工工作在紧张地进行，你可以看到旋工的活儿干得多么利索，让你肃然起敬。那活计如此这般地飞快地进行着：一开始是个小弹丸，现在变成了一粒核桃，不一会儿就有苹果一般大小了。我曾见过食量大的圣甲虫竟然旋出一个拳头大小的粪球。这肯定得花好几天的工夫。

储备的食物制作完毕，现在就得撤出混乱的战场，把食物运到合适的地方。这时候圣甲虫最令人惊奇的习性开始展现出来了。圣甲虫迫不及待地上路了；它用两条长后腿搂住粪球，而后腿尖端利爪则插入球体中去，当作旋转轴；它以中间的两条腿作为支撑，而以前腿带护臂甲的齿足作为杠杆，双足轮流着按压，弓身，低头，翘臀，倒退着运送粪球。后腿是这部机器的主要部件，它们在不停地运作；它们一来一回，变换着足爪，以调整轴心，让负载物保持平衡，并在其一左一右的交替推动之下，把粪球往前滚动。这样一来，粪球表面各点都轮流地接触地面，使之不停地碾压，形状更加完美，而球面硬度因均匀地受压而趋于一致。

使劲儿呀！行了，它滚动了，它一定会被运到家的，当然少不了遇上困难。这一个困难说来就来，但还不算严重：圣甲虫碰到了一个斜坡。沉重的粪球会顺着斜坡滚下去的，但是圣甲虫认准了自己的理儿，偏要横穿这条天然道，这可够大胆儿的，稍一失足，稍踩到一点碍事的沙子，就会失去平衡，前功尽弃了。果不其然，它脚下一出溜儿，粪球便滚到沟里去了；圣甲虫被滑落的粪球一带，弄了个仰面朝天，手脚乱蹬乱踢的。它终于翻转身来，追赶粪球。它的机器更加卖力地工作起来。——该当心点儿了，傻蛋儿；沿着沟底走，既省力又保险；沟底路好走，特别平坦；你不用太用力，粪球就能滚动向前的。——可是圣甲虫就是不听，它偏要向着那个对它来说是不祥之物的斜坡。也许再登高处对它来说是合适的。对此我无话可说，因为就身居高处的优越性而言，圣甲虫的看法比我的看法更有远见。——可你至少该走这条道呀，那是个缓坡，你很容易从那儿爬到顶上的。——它根本就不听，如果有什么很陡的、无法攀登的斜坡，那个顽固的家伙就偏偏选中它。于是，西齐弗斯③的工作开始了。它小心翼翼地，一步一步地，艰难万分地往上滚动那巨大的粪球。它一直是倒退着在推动。我在寻思，它是运用何种稳定神功把这么个庞然大物稳定在斜坡上的。啊！稍一协调不好，它便白忙活半天了：粪球滚落下去，把它也连带着摔下去了。然后，它又开始往上爬，不一会儿又摔了下去。它随即又往上爬，这一次走得挺好，艰难路段总算通过了，原来是一个禾本植物的根在作怪，让它摔下去好几次，这一次它谨慎地绕开了这个该死的根。再使一把力就到顶了，但要小心再小心啊。坡陡道艰，稍有不慎便前功尽弃。你瞧，脚踩在光滑的卵石上，一滑，粪球和圣甲虫一起连滚带翻地又滑下去了。圣甲虫又开始往上爬，仍旧坚忍不拔，没有什么能使它气馁的。十次、二十次地试着这怎么也爬不上去的陡坡，最后，它或者是以顽强的意志战胜了千难万险，或者是经过更加缜密的思考，承认自己先前所做的是无谓的努力，它选择了平坦的路径，终于如愿以偿，完成了任务。

圣甲虫并非总是单独地运送那珍贵的粪球，它经常要找一位同伴相帮，或者说得更确切一些，是同伴主动跑来帮忙。一般情况下是这么干的：一个圣甲虫制成了粪球之后，便爬出纷乱熙攘的群体，倒退着推动自己的战利品离开工地，最晚赶来的那些圣甲虫有一个在它的身旁，刚开始制作自己的粪球，便突然放下手中的活计，奔向滚动着的粪球，助那个幸运的拥有者一臂之力，后者似乎很乐意接受这种帮助。这之后，这两个同伴便联手干起活儿来。它俩争先恐后地努力把粪球往安全的地方运去。在工地上是否果真有过协议，双方默许平分这块蛋糕？在一个揉制粪球时，另一个是否在挖掘富矿脉以提取原料，添加到共同的财富上去呢？我从未看到这种合作，我一直看到的都是每只圣甲虫独自地在开采地点忙乎着自己的活计。因此，后来者是没有任何既定权益的。

那么，是否是异性间的一种合作，是一对圣甲虫在忙着成家立业？有一段时间，我确实这么想过。两只圣甲虫，一前一后，激情满怀地在一起推动着那沉重的粪球，这让我想起了以前有人手摇风琴唱着的歌儿：为了布置家什，咱们怎么办呀？——我们一起推酒桶，你在前来我在后。通过解剖，我便丢掉了这种恩爱夫妻的想法。圣甲虫从外表上看是分不出雌雄的。因此我把两只一起运送粪球的圣甲虫拿来解剖，我发现它们往往是同一个性别的。

既无家庭共同体，也无劳动共同体。那么这种表面上的合伙儿存在的理由是什么呢？理由很简单，纯粹是想打劫。那个热心的同伴假借着帮一把手，其实是心怀叵测，一有机会便抢走粪球。把粪粒制成球既累人又要有耐心；如果能抢个现成，或者至少强行入席，那可就合算得多了。如果主人没有警惕，帮忙者就可抢了粪球逃之夭夭；如果主人的警惕性很高，那就以自己也出了一份力为由而二人同席。这一手怎么都可获益，因此抢掠就成了收效最好的一种手段。有的就阴险狡猾地这么去干了，正如我刚才所说的那样；它们兴冲冲地去帮一位同伴，其实后者根本用不着它们帮忙，而且它们装作好心好意，实际上心里暗藏杀机。还有一些圣甲虫，也许更加大胆，更加相信自己的实力，干脆直奔主题，强行抢走他人的粪球。

这种抢劫行径无处不在。一只圣甲虫独自推动着自己通过努力劳动所获得的合法收益安静地离去了。另外一只，也不知是从哪里冒出来的，飞来抢夺，身子重重地落下，把被烟熏了似的翅膀收在鞘翅下面，然后挥起带锯齿的臂甲背面扇倒粪球的主人，后者正在忙着推动粪球，根本就无招架之力。当受袭者拼命挣扎，重新站稳脚跟时，攻击者已经立于粪球高处，那是击退对手最有利的位置。它把臂甲收回胸前，准备迎敌，以防不测。失窃者围着粪球转来转去，寻找有利的出击点；盗窃者则立于城堡顶上不停地转动，始终面对着失窃者。如果失窃者立起身来攀登，盗窃者便朝前者的背部猛地一击。如果进攻者不改变策略来收回失物的话，那防守者因占据城堡高处，必将一次次地挫败对手的进攻。这时，进攻者企图把城堡及其守卫一并推翻。粪球底部受到摇晃，开始缓缓滚动起来，盗窃者也随着滚动，但它想尽办法始终立于粪球顶上。它做到了，但并非始终如此。它在不停地急速跟着转动，使自己保持平衡。万一脚下一滑，优势没了，那就只好与对手短兵相接，双方身体对身体，胸部对胸部，你顶我撞起来。它们的爪子绞在一起，节肢缠绕，角盔相撞，发出金属锉磨的尖厉之声。然后，把对手掀翻，挣脱开来的那一位便匆忙爬上粪球顶端，抢占有利地形。围困又开始了，忽而抢掠者被包围，忽而被抢者被包围，这全由肉搏时的胜败来决定。抢劫者无疑贼胆包天且敢于冒险，往往占据上风。因此，被抢劫者经过两次失败之后，便失去斗志，明智地回到粪堆去重新制作一个粪球。而那个抢劫得手者非常害怕已解除的险情会重新出现，便把抢掠来的粪球，赶忙往自己觉得保险的地方推去。有时候，我还看见有第二个抢劫者突然飞临，抢掠前一个窃贼的赃物。说心里话，我对它并不反感。

我徒劳无益地寻思，那个把“财产即赃物”这个大胆的谬语狂言运用到圣甲虫的习俗中的普鲁东是何许人也？那个把“武力胜过权力”的野蛮法则在食粪虫中加以发扬光大的外交家是谁？由于手头缺少资料，我无法追本溯源地探清这些习以为常的抢劫行径，无法搞明白这种为了抢夺粪团而滥用武力的缘由，我所能肯定的只是抢劫骗取是圣甲虫的一种惯用伎俩。这些运送粪球的昆虫相互间你抢我夺，毫无顾忌，我还真没有见过其他昆虫这么厚颜无耻地干过。干脆，我把这种昆虫心理方面的问题留给未来的观察者们去探索吧，我还是回过头来谈谈那两个合伙运送粪球的家伙。

尽管用词不甚贴切，我还是称那两个合作者为合伙运送者。它们中一个是强行入伙，而另一个则也许是无可奈何地接受的，生怕会遇到更大的不测。它俩的相逢倒还算和气。合伙者到来之时，物主正一门心思干自己的活儿；新来者似乎怀着最大的善意，立即投入工作。二人一推一拉，相互配合。物主占着主导位置，担当主角：它从粪球后面往前推，后腿朝上脑袋冲下。那个帮手则在前面，姿势与前者相反，脑袋朝上，带齿的双臂按在粪球上，长长的后腿撑着地。它俩一前一后把粪球夹在当中，粪球就这么滚动着。

它俩的配合并非总是很协调的，尤其是因为帮手背对路径，而物主的视线又被粪球遮挡住了。因此，事故频发，摔个大马趴是常有的事，好在它们也泰然处之，摔倒了立即爬起来，仍旧各就各位，各司其职。即使是在平地上，这种运输方式也是事倍功半的，因为二人的配合无法天衣无缝，其实只要粪球后面的一个圣甲虫干，也照样会干得很快，而且干得更利索。那个帮手虽然差点儿弄得无法运送，但在表现出自己的善良意愿之后，决定稍事休息，当然，它不会放弃它已视作是自己的财产的那个宝贝粪球。摸过的粪球就是自己的粪球。但它也不会掉以轻心贸然从事的，否则对方会把它晾在那儿。

它把腿收回到肚腹下面，身子贴在（可以说是嵌在）粪球上，与之浑然一体。粪球和这个贴在其表面的帮手在合法主人的推动下一起往前滚动着。粪球在它的身下，随着粪球的滚动，它忽而在上，忽而在下，忽而在左，忽而在右，它毫不在乎。它就是要帮忙帮到底，而且是默默无闻的。这种帮手真少见，让别人用车推着自己，还要得一份儿酬劳！这时，前方遇到一个大斜坡，它只好帮一把手了。行到陡坡上时，它当上了排头兵，只见它用自己那带齿的双臂猛拽住笨重的大粪球，而其同伴——那个物主则在下方拼命抵住，一点点地往上顶着。我看见这两个合伙者，就这样一个在上方拽着，一个在下方顶着，配合十分默契地往坡上爬着，如果没有二人的通力合作，光靠一个人是怎么也无法把粪球推上去的。但是，并非所有的人在这一艰难时刻都会表现出同样热情的。有一些圣甲虫在攀爬斜坡这种必须通力合作才行的时刻，似乎根本没有看见有困难要克服。当倒霉的西齐弗斯在拼了小命试图越过障碍时，另一位则高高在上，稳坐钓鱼台，与粪球一起滚下，一起滚上。

我们假定那只圣甲虫很幸运，找到了一个忠实的合伙者，或者更好一些，假定它在途中没有碰上不请自来的同类。那么，一切就绪，可以进行下一步了。地窖已挖好，是一个在松土地上挖的洞，通常是在沙地上挖，洞不深，有拳头般大小，有一条细道与外界相通，细道大小正好够让粪球进入。粮食一入地窖，圣甲虫便躲在家里，用藏于角落里的杂物把地窖入口堵住。大门一关，外面根本看不出这下面有个宴会厅。大功告成，它高兴万分；宴会厅里全都美妙绝伦！餐桌上摆满了奢华食物；天花板遮挡住当空烈日，只让一丝温馨湿润的热气透进来；心平气静，环境幽暗，外面的蟋蟀发出阵阵合唱声，这一切都有助于肠胃功能的发挥。我神思恍惚，突然觉得自己俯身于地窖门口，只觉得有海洋女神该拉忒亚的歌剧中的那段著名唱段隐约传来："啊！周围的一切都在忙忙碌碌时，无所事事是多么美妙。"

谁敢去打扰这样一个在宴席上怡然自得的家伙呀？但是，有想探个究竟的欲望的人是什么都干得出来的，而这种胆量，我就有过。我把我私闯民宅的情况记录在此。我看到光一个粪球就几乎把宴会厅塞满了，这奢华的食物下抵地板上顶天花板。一条狭小的通道把粪球与墙体隔开。食者就在通道上用餐，顶多是两位，经常是独自一人，肚子贴在餐桌上，背顶着墙壁。座位一旦选好，食者就不再挪动了，然后便放开嘴吃起来，没有一点小的争吵，那样会少吃上一口的；也不挑挑拣拣的，否则就会浪费食物。一切都得按先后次序，一丝不苟地穿肠过肚。看到它们如此虔诚尽心地围着粪球在吃，你会以为它们意识到自己在完成大地净化的工作，它们知道自己投身的是那种以粪肥培育鲜花的精细化学工程，鲜花让人赏心悦目，圣甲虫的鞘翅能点缀春意盎然的草坪。尽管马、牛、羊的消化系统很完美，但它们的排泄物中仍留有未消化的残留物，而圣甲虫则把它们留下的那些残留物质加以利用，为此，圣甲虫就必须具备一套完整的工具。果然，通过解剖我惊叹地发现它的肠道出奇地长，盘来绕去，使得进入的食物可以慢慢地被吸收，直至最后一个可以利用的颗粒被消化掉为止。因此，食草动物未能吸收的东西，食粪虫类昆虫的高效蒸馏器却可从中提取一些财富，而这些财富稍加处理，就变成了圣甲虫墨黑的铠甲和其他食粪虫类昆虫的金黄色和赤红色的胸甲。

不过，这种令人赞叹不已的垃圾处理工作得在最短的时间内完成，这是环境卫生所限定的。而圣甲虫就具有这种也许其他昆虫所没有的很强的消化能力。一旦食物进入地窖里，圣甲虫便日夜不停地吃着，直到把食物消灭干净为止。当你有了一定的实践经验，把圣甲虫关在笼子里养是很容易的。我就是采用这种办法获得了这些资料，这对了解著名的圣甲虫高效的消化功能大有裨益。

整个粪球就这么一点一点地依次通过消化道，然后，圣甲虫隐士便爬出地面，寻找机遇，找到后，便再做粪球，一切就又重新开始了。

有一天，天气很热，闷热无风，这种氛围很适合我喂养的圣甲虫们大快朵颐。于是，我手里拿着表，守在一个露天进食者的面前仔细观察着，从早上八点一直盯到晚上八点。这只圣甲虫似乎遇上了一块颇对胃口的食物，整整十二个小时，它都没停止过咀嚼，始终待在餐桌前的同一个地点一动不动地吃个没完。晚上八点钟时，我最后看了它一次。只见它的胃口始终未减，那样子像刚开始吃时一样起劲儿。这宴席还持续了一段时间，直到整个食物全部被消灭干净为止。第二天，那只圣甲虫确实没再待在那儿了，头一天大嚼个没完的那块食物只剩下点渣渣末末了。

时针转了一圈还要多，这么长的一幕就是进餐，狼吞虎咽，精彩至极，那消化的一幕则更是妙不可言。圣甲虫前头不停地吃，后头则不断地排泄，那已不再含营养成分的排泄物连成一条黑色细线，如同鞋匠的细蜡绳。它是边吃边排泄，足见其消化之神速。刚一开始咀嚼，它那拔丝机便运转起来，直到最后几口吃完之后，这机器才停止运转。那根细蜡绳从头到尾没有出现断头，始终挂在排泄口上，下面的则已盘成一堆，只要没有干透，就可以轻易展开来成为一条细长绳。

排泄的过程如同秒表一般精确。每隔一分钟，更精确地说是四十五秒，一小节排泄物便出来了，细绳则增长三四毫米。等细绳长到一定程度，我便把它截断，放在刻度尺上量其长度。我测量的结果：十二小时后，细绳的长度为二点八八米。晚上八点，我是提着提灯最后一次去察看的，这之后，圣甲虫又继续吃夜宵，所以进餐与制绳工作又持续了一段时间，最后圣甲虫拉出的那根没有断头的细长绳总长约为三米。

知道了绳长及其直径，排泄物的体积便能很容易测算出来。而要测出圣甲虫的精确体积也不难，只要把它放入有水的量筒，查看一下水位线即可。所获得的数据并非没有意义：这些数据告诉我们，圣甲虫一次连续十二个小时的进食竟消化掉几乎与自己的体积相等的食物。多么好的胃呀，而且消化能力是这么强，消化速度又这么快！一开始咀嚼，排泄物便立即被消化成细绳状，不停地拉长，直到进餐结束。在这台也许从不失业的蒸馏器里（除非加工的原料出现短缺），原料一进入，立即由胃囊进行加工，吸收殆尽，然后排出。这使我不由得想到，这么一座如此高效地清除垃圾的实验室在环境卫生方面是可以起点作用的。

（本篇选自原著第一卷）

注释：
①莱喀库斯：古代斯巴达共和国的著名立法者。
②维吉尔（公元前70—公元前19）：古罗马著名诗人。
③西齐弗斯：希腊神话中的人物。因种种罪孽，受到宙斯重罚，在地狱无休止地把一块巨石推上山去。每当快推到山顶时，巨石又滚下来，如此循环不止。

红 蚂 蚁

如果把鸽子运到几百里远的地方，它会自己返回到自己的鸽舍里；燕子从它在非洲的居住地飞越大海，重新回到自己的旧巢里去。在这么漫长的旅途中，它们依靠什么来寻找方向呢？是依靠视觉吗？《动物的智慧》一书的作者、睿智的观察家图塞内尔①，对自然状态下动物的了解可谓独此一家，他认为是视觉和气象在指引信鸽寻找方向。他在书中写道："法国的这种鸟凭借自己的经验获知，严寒源自北方，炎热来自南方，干燥生于东方，潮湿出自西方。它具有足够的气象知识，可以为自己辨别方位，指导飞行。被放在用盖子盖住的篮子里的鸽子，从布鲁塞尔运到法国南部的图鲁兹，它们是绝对不可能用自己的眼睛把自己所经过的地方记录下来的，但是，没有人能够阻止它们根据对大气热度的印象，感觉到自己是向南方走去。等到达图鲁兹之后，它便知道自己的鸽舍是在北方，应往北边温度较低的地方飞去，于是，它们便一直朝这个方向飞着，直到飞抵的空域的平均温度是它所居住的区域的温度时，才会停止飞翔。如果它未能立刻找到自己家门的话，那就说明它不是飞得偏左了，就是飞得偏右了。这时候，它只需往东边或往西边寻找一番，花上几个小时，就可以把自己飞行路线上的偏差纠正过来了。"

如果位置的移动是北一南方向，那么这个解释就非常诱人，但这个解释却不适用于在等温线上的东一西方向的移动。另外，这种解释存在着一大缺点：它无法推而广之。猫穿过第一次来到的城市的大街小巷组成的迷宫，从城市的一端跑到另一端，回到自己的家中，这就不能归之于视觉的作用，也不能说是气候变化的影响。同样，我的石蜂也不是凭着视觉的指引，特别是当它们在密林中被我放出来时，它们飞得不太高，离地面只有两三米，不可能看清这个地方的全貌，以便在脑海中绘出图来。它们被放飞之后，只是稍加犹豫，在我身边绕了几圈，便朝北边飞去。尽管密林深处树木繁茂，枝叶交错，尽管丘陵高高，连绵不断，它们顺着离地面不高的斜坡往上飞，越过一切障碍。视觉指示它们避开了种种障碍，但并未告诉它们应往哪个方向飞。至于气候，也起不了作用，因为在这么短的几公里内，气候是没有什么变化的。即使它们的方位感很强，可它们的巢穴所在地与放飞地点的气候完全一样，冷热干湿的变化不大，所以它们对往何处飞去并无把握。我在想，一定是有一种什么神秘的东西在指引着它们，它们肯定具有我们人类所不具有的特别的感觉。达尔文的权威无人藐视，他也持有这一观点。想了解动物对地电是不是具有感应作用，想了解动物是不是受到紧贴于身的一根磁针的影响，这不就是在承认动物具有一种对磁性的感觉吗？我们人类有这样的感官官能吗？当然，我说的是物理学的磁力，而不是梅斯梅尔②或卡廖斯特罗③所说的磁力。

这种未知的感官官能是否存在于膜翅目昆虫身上的某个部位，以某个特殊的器官来感知的呢？我们立刻便会想到它的触角。我们对昆虫的习性不甚了解时，总是把它的怪异行为归之于它的触角，认为它的触角上一定有什么我们所不了解的特殊的东西存在。可是，我完全有理由对触角具有指示方向的能力表示怀疑。当毛刺沙泥蜂在寻觅昆虫时，它的确是用自己的触角在不断地拍打着地面，如同用手指轻弹地面一样。但这种仿佛在引导昆虫捕猎的探测丝大概并不可能被用来指引昆虫的飞行方向。为了搞清这个问题，我做了一些实验。

我把几只高墙石蜂的触角，尽量齐根剪去，然后，把它们弄到别处去放飞，可它们像其他石蜂一样，很容易就回到自己的巢里了。我还以同样的方法对我们这一地区最大的节腹泥蜂（栎棘节腹泥蜂）进行了实验。这种捕食象虫的泥蜂同样也很容易就回到了自己的居所。因此，我便把触角具有指示方向官能这种假设给抛弃了。那么，昆虫的这种感觉官能究竟存在于什么地方呢？我并不知道。

我所知道的，而且是通过实验清楚地知道的，就是没有了触角的石蜂回到自己的蜂房之后并不恢复工作。它们只是一味地在自己所建造的建筑物前飞来飞去，在石头子上歇息，在蜂房的石井栏边停一停。它们仿佛是在那儿悲苦地沉思默想，久久地凝视着那尚未完工的建筑物。它们离开了又回来，把周边的所有不速之客统统赶走，但它们再也不会去运送蜜浆或灰泥了。第二天，我没有再见到它们，不知它们去了哪里。工人没有了工具，哪儿还有心思干活儿？石蜂在垒屋砌窝时，总是用触角不停地拍打着、探测着、勘探着，仿佛依靠自己的触角把活儿干得精细完美。触角就是它们的精密仪器，如同建筑工人的圆规、角尺、水准仪和铅绳。

我一直在用雌性昆虫做实验，它们出于母性，对窝的建造更加忠实卖力。如果用雄蜂做实验，把它们弄到别的地方，会出现什么情况呢？我原本对这些情郎并不看好。它们有这么几天工夫，围着蜂房乱哄哄地飞来飞去，等着雌蜂从蜂房出来，你争我夺，争风吃醋，然后，你就再也见不着它们的踪影了，它们根本不去过问房屋居室盖到了什么程度。我就在想，对于雄蜂来说，留在出生的蜂房或去别处安家，有什么大不了的，只要那儿可以找到妻子或情人就可以了！可是，我想错了，错怪了它们，雄蜂回到蜂房里来了。我考虑到雄蜂身体弱小，没有把它们弄到很远的地方去放飞，只让它们飞了一公里左右的路程。不过，尽管路途不算遥远，但对于雄蜂来说，这仍然是从陌生之地起飞的一次远程航行，因为我还从未见过雄蜂飞过这么长的距离。

有两种壁蜂——三叉壁蜂和拉特雷伊壁蜂——也同样飞到了我的荒石园昆虫实验室的蜂房里来。它们在石蜂留下的洞穴里建房搭窝，来的最多的是三叉壁蜂。这是探究这种定向感觉在多大程度上遍及膜翅目昆虫的大好机会。的确，三叉壁蜂无论雌雄，都知道返回窝里。我进行了一些短距离的实验，用的蜂不多，实验的结果与其他实验的结果相同，因此，我对自己的结论完全信赖。总之，加上我以往所做的实验，得出的结论是，有四种昆虫能够返回自己的窝里，它们是棚檐石蜂、高墙石蜂、三叉壁蜂和节腹泥蜂。我可否就此而将我的这一结论推而广之，认为昆虫就是具有这种从陌生的地方返回自己家园的能力呢？我还不敢这么说，因为据我所知，下面一种相反的结果就很能说明问题。

在我的荒石园昆虫实验室里，有许多实验品，首推红蚂蚁。这种红蚂蚁犹如捕猎奴隶的亚马孙人④，她们不善于哺育儿女，不会寻找食物，即使食物就在身边也不会去拿，必须依靠仆人们伺候她们进食，帮她们料理家务。红蚂蚁就是这样，专门去偷别人的孩子来伺候自己的家族。它们抢掠邻居家不同种类的蚂蚁，把别的蚂蚁的蛹掠到自己的蚁穴里来，不久之后，蛹蜕了皮，就成了红蚂蚁家中拼命干活的奴仆了。

炎热的夏季来到时，我经常看见这些“亚马孙人”从它们的营地出发，前去远征。这支远征的队伍竟长达五六米。如果沿途未遇见什么引起它们注意的事情，那它们的队形就始终保持不变；但是，如果突然发现了蚂蚁窝的话，前排打头的红蚂蚁就立刻停下脚步，变成散兵队形，乱哄哄地围成一团打转。这时候，后面的红蚂蚁便聚到这个蚁团中来，越聚越多。一些侦察尖兵被派出去打探，如果发现情况搞错了，它们便恢复原来的队形，继续前进。它们穿过园中小路，消失在草地中，但一会儿又在稍远点的地方出现了，然后又钻进枯枝败叶堆里，再大模大样地钻出来，就这样一直寻寻觅觅。最后，终于发现了一个黑蚂蚁窝，红蚂蚁就急不可耐地闯入黑蚂蚁蛹穴里去，不一会儿，携带着各自的战利品纷纷爬出来。有时候，在这地下城市的城门口，遇上黑蚂蚁在守卫着，一方要尽力守护自己的财产，另一方则势在必得，双方混战一场，场面颇为惊心动魄。由于敌我双方力量悬殊，胜利者当然是红蚂蚁。这帮强盗，一个个用大颚咬住黑蚂蚁的蛹，急急忙忙地往回家的路上赶。不了解奴隶制的读者，可能对这种亚马孙人的抢掠故事感到有趣，我却不想多谈这种事情，因为这个故事与我想要讲述的昆虫返回窝巢的主题有所偏离了。

抢掠蚁蛹的红蚂蚁的运输距离之远近，取决于附近有没有黑蚂蚁。有时候，十几步路的地方就有黑蚂蚁穴，有时候则必须跑到五十步，甚至一百步开外的地方去寻找。我只看到过一次红蚂蚁远征到园子以外的地方去。它们爬上园子那四米高的围墙，翻过墙去，一直爬到远处的麦田里。至于要走什么样的路，这支征服大军并不在意。荒芜的不毛之地，绿草茵茵的草坪，枯枝败叶堆，砖石建筑，杂草丛等，它们都可以爬过去，并不挑挑拣拣，有所偏好。

然而，返回的路是不可改变的，必须原路返回，无论原路是多么曲曲弯弯，高低不平，是否难行。由于捕猎的必然性，红蚂蚁往往要经由十分复杂难行的路途，但即便如此，它们在获得战利品返回家园时，仍旧是走原先来时的路，即使来路艰险万分，它们也始终不渝，绝对不会改变路线。

如果它们去时经过的是厚厚的枯叶堆，那么这条路对它们来说就相当于遍布深渊，稍有不慎，一失足便掉进去了。一旦掉到很深的凹处，往上爬到摇摇晃晃的枯枝桥上，然后再走出这小路纵横交错的迷宫，红蚂蚁就得累个精疲力竭，浑身散架。即使这样，它们仍旧死心塌地地沿着原路走。如果想偷点懒，旁边就是一条好走的道，十分平坦，而且离原路只一步之遥，可是，它们就是看不到这仅仅一步之隔的平坦大道。

有一天，我发现它们又出发去抢掠了，在池塘砌起的护栏内边排着长队往前挺进。头一天，我已经把池塘里的两栖动物换成了金鱼。突然间，一阵强劲的北风吹过来，从侧面狠狠地吹刮着它们，把好几排兵丁刮落到池塘中去。金鱼一见，立刻加速游了过来，张开那对于红蚂蚁来说深如巷道的大嘴，把落水者全都吞进肚里。天有不测风云，雄关漫道，红蚂蚁大队尚未越过天堑便伤亡惨重。我心里在想，它们归来时应走另一条道，何必非要经由这致命的悬崖峭壁呢？但情况并非如我所料。大颚里咬着黑蚂蚁蛹的长长队伍仍然按原路返回，尽管明知这条路崎岖艰难，有致命的危险。这对金鱼来说，倒是再好不过的了，它们得到了从天而降的双份吗哪⑤：蚂蚁和它的猎物。这不可理喻的顽固的红蚂蚁大队，宁愿损兵折将，也非要原路返回。

这帮“亚马孙人”之所以这么固执，看来是因为它们有时出外抢掠的路途较远，如果不原路返回，很可能迷路，回不了家。毛虫从窝里出来，爬到另一根树枝上去寻找更合适、可口的树叶时，在自己走过的路上留下丝线，然后再沿着这条丝线回到自己的家中。这就是远行时会遇到迷路危险的昆虫所能够使用的最基本的方法：一条丝线把它们带回家。比起毛虫极其简单幼稚的寻路方法来，我们对于依靠感官定向的石蜂以及其他一些昆虫的了解就非常少了。

红蚂蚁这种抢掠者虽然也属于膜翅目类，可它们出外返家的办法却少得可怜。这从它们只知从刚刚走过的路往回返就可以看出来。它们这是不是在某种程度上仿效毛虫的办法呢？当然，它们沿途并不会留下指路的丝，因为它们身上并没有这样的器官。那么，它们会不会一路上散发出某种气味，譬如甲酸味什么的，以便通过嗅觉引导方向？许多人是持有这种看法的。

据说，蚂蚁就是通过嗅觉来辨明方向的，而它的嗅觉就在它那始终动个不停的触角上。我对这种看法持怀疑态度。首先，我并不相信嗅觉会存在于触角上，其理由我已经提到过了；再者，我希望通过实验来证明红蚂蚁并不是依靠嗅觉来辨别方向的。

我时间很紧，没工夫一连几个下午去观察我的那些“亚马孙人”大队的出发，而且，即使浪费了这么多时间去跟踪观察，往往也无功而返。可我有一个小助手，她没我那么忙，她名叫路易丝，是我的小孙女，我每每跟她讲述蚂蚁的故事时，她都很感兴趣，而且还刨根问底。我把任务交给她时，她非常高兴，对小小年纪就能为科学做出贡献感到十分自豪。于是，天气晴朗时，她便满园子跑，寻找红蚂蚁，监视红蚂蚁，仔细辨认它们列队前去打劫黑蚂蚁窝的路径。她这已不是第一次充当我的小助手了，对她的认真负责，我是非常放心的。有一天，我正在记笔记，只听见有人嘭嘭地直敲我的书房门：

“是我，路易丝，快来，爷爷，红蚂蚁爬到黑蚂蚁窝里去了。快来呀！”

我连忙打开房门，问她道：

“你看清楚它们走的路了吗？”

“看清楚了，我还做了记号哩。”

“做了记号？怎么做的？”

“像小拇指⑥那样做的呗，我把小白石子撒在红蚂蚁走过的路上。”

我赶忙跟着她跑到园子里去。没错，我的六岁的小助手说得没错。她事先准备好了一些小白石子，看到红蚂蚁大队人马浩浩荡荡地列队走出兵营，她便跟随其后，在它们行经的路上，隔一段撒上点小白石子。这帮“亚马孙强盗”打劫抢掠之后，便开始沿着小白石子所标示的那条路返回来。打劫地点与它们的家相距百米。这样一来，我便有时间进行事先利用空闲所策划的实验了。

我抄起一把大扫帚，把红蚂蚁的行军路线扫得干干净净，扫出的路面有一米宽，把路面上的浮土全都扫尽，撒上点别的粉状材料。如果原先的浮土上留有红蚂蚁的气味的话，现在，浮土扫尽，粉状材料已经更换，红蚂蚁肯定会被弄得晕头转向，辨别不清方向。我把这条路的出口处分割成彼此相距几步远的四个路段。

现在，红蚂蚁大队来到了第一个切割开来的地方，它们明显在犹豫。有的在往后退去，然后又返回来，接着又往后退去；有的则在切割开的部分的正面徘徊彷徨；有的就在侧面散开来，似乎想要绕开这个陌生的地方。蚁队的先头部队一开始是聚集在一起的，结成一个直径几十厘米的蚁团，然后就散开来，宽度有三四米。这时候，后续部队也拥上前来，在这障碍物前越聚越多，相互堆挤在一起，乱哄哄一片，茫然不知所措。最后，有几只大胆的红蚂蚁，毅然决定冒险走上那条被扫过的路，其他的红蚂蚁随后便跟了上来；与此同时，有少数的红蚂蚁则绕了个弯，也走上了原先的那条路。其下面的那几个切割路段，它们同样也这么犹豫来犹豫去的，但最终，或直接地，或从侧面绕着，都走上了来时的那条路。虽然我设下了圈套，扫清道路，分段切割，但红蚂蚁最终还是沿着有小白石子标示的那条来时路返回去了。

这个实验似乎说明红蚂蚁的嗅觉确实是在起作用。凡是在被切割的路段，红蚂蚁四次都同样表现出犹豫不决来，但它们最后还是踏上了原路，回到了家中。这也许是因为我清扫得还不够干净彻底，一些有味道的浮土仍然残留在原来的那条路上。绕过扫干净的地方走的红蚂蚁，有可能是受到扫到一旁的浮土的气味指引。因此，我还不能急着下结论，在表示赞成或反对嗅觉起作用之说以前，我必须在更好的条件下再进行实验，必须把它们留在一切材料上的气味全部消除干净。

几天之后，我认真细致地制订了新的计划。小路易丝又帮我去进行观察。很快，她就跑回来向我报告，说红蚂蚁出洞了。我并不感到惊讶，因为时值六月，下午天气闷热难耐，特别是大雨将要来临，红蚂蚁少有不爬出洞来的。我仍旧把小白石子撒在红蚂蚁走过的路上，撒在我选定的最有利于实现我的计划的地方。我把一根给园子浇水用的帆布管子接到池塘的一个接水口上，把阀门打开；红蚂蚁经过的路径被管子里汹涌喷射出来的水给冲断了，冲出一个一步宽的大缺口，冲出好远好远去。我就这么猛冲了有一刻钟的工夫。然后，当红蚂蚁抢掠归来，走近这儿时，我减缓水流的速度，减小水层的厚度，免得让它们过于费劲乏力。如果这帮强盗必须经由原路返回的话，那它们就必须越过这一巨大的障碍。

红蚂蚁的先头部队在这个大缺口面前犹豫了很长很长的时间，后面的红蚂蚁们有足够的时间赶上前来，与排头兵们聚集在一起。只见它们最后利用露出水面的卵石，走进了急流；然后，脚下的基础没有了，那些最大胆最勇敢的便被流水卷挟而去，但它们的大颚仍旧紧紧地咬着，不肯丢弃自己的猎获物，就这样随波逐流，最后被冲到突出的地方，又到了河岸边，重新找寻可以涉水渡河的地方。地上有几根麦秸秆儿被冲得到处都是，这便是红蚂蚁需要爬上的摇晃不稳的独木桥。有一些橄榄树的枯枝被咬着猎获物的乘客们当作木筏。有一部分最勇敢的红蚂蚁，靠着自己的胆量，也靠着好运气，没有利用任何渡河工具，涉水而过，爬上了对岸。我看到有些红蚂蚁被水流卷带到此岸或彼岸两三步远的地方，它们看上去非常焦急，不知该如何是好。在这支溃散部队的一片混乱惶恐之中，在遭到这个灭顶之灾的时候，我没发现有哪一只红蚂蚁把嘴里的猎获物丢弃。它们是宁可死也绝不丢掉战利品的。总而言之，它们总算渡过难关，勉勉强强，凑凑合合地战胜了激流险滩，而且是从规定的路线渡过去的。

在这之前，湍急的水流已经把路段清洗干净，而且，在它们忙于渡河的时候，仍不断地有新的水流流过，因此，我觉得，经过我这么一折腾，路上留下的气味应该是没有了，这个问题可以排除在外了。如果这条路上有丁酸的气味，我们的嗅觉也嗅不出来，至少在我所说的条件下感觉不出来。

现在，我来用一种更加强烈而且我们可以嗅得出来的气味来代替，看看会出现什么情况。

我来到了第三个出口处，在红蚂蚁必经之路上，拿了几把薄荷叶，把地面擦拭了一番。这薄荷叶是我刚从花坛里摘的，很新鲜，气味挺浓。在路的稍远处，我又把薄荷叶铺在地上。红蚂蚁抢掠归来，经过用薄荷叶擦拭过的地方时，没有显出担心、犹豫，而来到薄荷叶覆盖着的地段时，也只是稍加犹豫，便毅然决然地走了过去。

经过这两次实验——用水冲刷路面的实验和用薄荷叶改变气味的实验——之后，我觉得，再认为是嗅觉在指引着蚂蚁沿着原路返回家园的话，那就没有道理了。我再做一些别的测试，我们就会明白了。

现在，我对地面未加改变，而是用几张很大的纸张，横铺在路面上，用几块小石头把它们压住，弄平。这块纸地毯彻底地改变了道路的外貌，但丝毫没有去掉可能会有的气味。红蚂蚁爬到这纸地毯面前，犹豫不决，疑惑不解，比面对我所设下的其他圈套，甚至激流，都要更加犹豫不决。它们从各个方面探查，一再地前进，后退，再前进，再后退，最后才铤而走险，踏上了这片陌生的区域。它们终于穿越了纸地毯。通过之后，大队人马又恢复了原先的行进行列。

我在稍远处还设下一个圈套，静候着这帮“亚马孙人”抢掠大军。我用一层薄薄的细沙把路切断，这条路原本是浅灰色的。道路颜色这么稍加改变，就会让红蚂蚁颇费一番踌躇。它们在这层薄薄的黄沙面前就像先前面对纸地毯一样，犯起嘀咕来，不过，它们犹豫的时间并不长，很快，就毅然决然地穿越了眼前的这道障碍。

无论是用黄沙铺地还是用纸铺成地毯，都没有使来时路上的气味消失，但红蚂蚁走到这些障碍面前时，都要先犹豫再三，停止前进，这就说明并不是嗅觉而是视觉使它们最终找到了回家的路。没错，是视觉在起作用，只不过它们的视力十分微弱，只要移动几个卵石就能改变它们的视野。由于它们近视得厉害，所以，一条纸带，一层薄荷叶，一层黄沙，甚至更加微小的改动，对它们来说，简直就是面目全非，致使这些兴冲冲带着战利品班师回朝的抢掠大军焦急不安地在这陌生地带举步不前，徘徊彷徨。最终之所以还是穿越了这些可疑的地区，那是因为它们经过反复尝试，企图穿过这片经过加工改造的地带的过程中，有几只蚂蚁终于认出了前面有些地方是它们所熟悉的，而其他的蚂蚁对这些视力较好的同胞十分信赖，便跟着它们穿了过去。

当然，光靠这么点微弱的视力还是不够的，这些“亚马孙强盗”还具有精确的记忆力。蚂蚁还有记忆力？那它的记忆力是怎么回事？它的记忆力跟我们的有何相似之处？对于这些问题，我无从回答，但是，我可以明确地说，昆虫对于自己到过一次的地方是记得很准确的，而且还记得非常牢。这一点我可没少发现。我甚至还观察到这样的情况：红蚂蚁抢掠的猎获物太多，一趟搬不完，或者，这支远征军发现某处黑蚂蚁非常非常多。于是，第二天，或者第三天，它们还会进行第二次远征。在同一条线路的第二次远征中，大队人马无须沿途寻找，而是直奔目的地。我曾经沿着两天前这支抢劫大军所走过的那条路撒下小石子作为标记，我惊奇地发现它们走的是同一条路，走过一个石子又一个石子。我事先就在推测，它们会根据我所做的路标，沿着我的石桥墩向前迈进。情况果然如此，没有出现什么大的偏离。

它们所走的路是两三天前的路，路上留下的原有的气味应该已经散尽，不可能保持这么久。所以我得出结论，是视觉在引导着远征的红蚂蚁们。当然，除了视觉之外，还有它们对地点极其准确的记忆。而它们的这种记忆力强到能把印象保留到第二天、第三天，甚至更久。这种记忆力极其精确，因为它在引导红蚂蚁穿越各种各样的地形地貌，沿着前一天或前几天所走过的路返回家园。

如果遇到不认识的地方，红蚂蚁会怎么办呢？除了对地形的记忆以外（在此，记忆力已于事无补，因为我假设这个地区还没有被探测过），它们会不会像石蜂那样，即使是在小范围内也有指向能力呢？能不能返回自己的居所，或者跟正在行进的大队会合呢？

这支抢掠大军并未搜寻园子里的角角落落。它们尤为喜欢探索的是北边，毫无疑问，在北边抢劫的收获最大。所以，它们的大队人马通常总是向北边开拔。在南边，我却很少见到它们光顾。因此，它们对园子的南边即使不是完全不认识，起码也是不如对北边那么熟悉。在作了这番交代之后，我们一起来观察，红蚂蚁在这片它们不太熟悉的地方会有什么样的表现。

我守候在红蚂蚁穴旁边。在大队人马抢掠归来的时候，我把一片枯叶放在一只蚂蚁面前，让它爬到叶子上面去。我没有去碰它，只是把它运送到离长长的队伍有两三步远的地方去，当然是往南边的两三步远处。这么远的距离，又是它所不熟悉的环境，它立刻便晕头转向了。我看到这只小红蚂蚁被放到地上之后，在漫无目的地寻觅着，茫然不知所措，但是，并没有抛弃嘴里的战利品。只见它急匆匆地奔跑着，与自己同伴的距离越来越远，可它还以为是在追赶队伍哩。不一会儿，它又折返回来，又走远去，东边试探一番之后又转向西边，向四面八方去探寻，但总也找不对路。其实，它的同伴们就在离它两步远的地方向前挺进。我还记得有几只这样的迷路者，左寻寻右觅觅，忙活了半个小时，又急又慌，始终走不上正道，而是越离越远，但大颚仍旧咬着黑蚂蚁蛹不放。它们后来的结局是什么？它们把它们的战利品如何处置了？我没有时间也没有耐心一直跟踪这几个迷路的强盗。

这种膜翅目昆虫显然没有其他膜翅目昆虫所具有的指向感觉。它们只不过是能够记住所到之处而已，除此之外，没有其他方面的特长。只要让它偏离主路两三步远，它就会迷失方向，无法与家人团聚；而石蜂则不然，即使飞越几公里，也能找准方向，这难不倒它。只有几种动物才具有这种奇妙的感官，而我们人却不具备，我曾经对此深感惊讶。人与这几种动物在这个方面的差别竟然如此之大，引起了人们的争议。现在，这种差别已不复存在，进行比较的是两种十分相近的昆虫，两种膜翅目昆虫，它们之间竟然也有这么大的差异！如果它们是从一个模子里出来的，那为什么一种膜翅目昆虫具有某种官能，而另一种膜翅目昆虫却并不具有呢？多了一个官能，这可非同小可，比起器官上的某个小问题来，这可是非常重要的特征啊！我对此不甚了了，我盼着进化论者能向我提供一个站得住脚的理由来。

我前面已经看到了这种对准确地点惊人的记忆保持得那么久而且那么牢，那么，这种记忆力到底好到什么程度，竟然能把印象铭刻在心里？红蚂蚁需要多次走过或者只要一次远征就能知道沿途的地形地貌吗？它所走过的路线是不是一下子就深印在它的记忆之中了？红蚂蚁在出动去抢掠黑蚂蚁窝时，它们并没有固定的目标，是随心所欲地这么往前走的，边走边搜索，所以它们想往何处去搜寻猎物，我们无从干预。现在，让我们一起来观察一下其他膜翅目昆虫是怎么做的吧。

我选定了蛛蜂作为观察对象。我在此不准备专门介绍蛛蜂的习性。它们捕食蜘蛛和掘地虫。它们先抓住猎物，把它麻醉之后，留给未来的幼虫当作食粮，然后再建住所。如果挟带着沉重的猎物去寻找适合筑窝建巢的处所，那是极其困难的，很不方便，因此，它便把猎获的蜘蛛一类的猎物存放在草丛或灌木丛这样高一些的地方，以防不劳而获、坐享其成的其他昆虫，尤其是蚂蚁，趁自己不在时，把猎物蚕食或糟蹋了。把猎物存放好之后，蛛蜂便去寻找一处合适地点，挖洞穴，筑窝巢。在建房造屋的过程中，它仍会时不时地飞去看看它存放的猎物；轻轻地咬一咬，拍一拍猎物，似乎因获得如此丰盛的食物而沾沾自喜，乐不可支；然后，它又回到建筑工地，继续挖洞建房。如果它觉得情况有点不对头，它不仅会去探看猎物，还会把猎物搬到离建筑工地近一些的地方来，当然，仍旧存放在较高的地方。蛛蜂确实是这么做的，所以我可以利用这一特点去了解一下它的记忆力究竟好到什么程度。

当蛛蜂在地下忙着挖洞筑巢的时候，我便把它的猎物拿走，放在离原存放点仅半米远的空旷处。不一会儿，只见蛛蜂飞过来查看自己的猎物了，它径直飞向存放点。它对所走的方向非常有把握，对存放点记得非常清楚，这很可能是它此前曾多次来过这儿的缘故？我没见它以前来过，所以对此不敢妄加推测。总之，蛛蜂一下子就找到了存放猎物的草丛。它在草丛上走过来走过去，仔细查找猎物，多次回到存放猎物的那个点。最后，它确信自己的猎物已不翼而飞，便用触角拍打地面，慢慢地在存放点四周再仔仔细细地搜寻，终于发现猎物就在一旁不远处的一个空旷的地方。它觉得莫名其妙，非常惊讶。它朝猎物走去，突然猛地一惊，往后直退。猎物是活的还是死的？是我刚才捕获的那个猎物吗？它那模样好像是在作如是想。其实并不是这么回事。

蛛蜂只犹豫了一会儿，然后便咬住猎物，倒退着拉住它，把它拉到离第一次的存放点两三步远的植物丛里，存放在高处。接着，它又回到工地，又挖了一段时间。我趁它返回工地时，再一次把它的猎物移换了位置，把它放在离存放点稍微远一点的光秃秃的空地上。这种情况很适合评判蛛蜂的记忆力，已经有两个草丛作为它的猎物存放处了。第一个草丛，蛛蜂十分准确地回到了那里，这很有可能是因为这个存放点它已来过多次，有较深的印象，但我并未观察到；而对第二个草丛，它的记忆中肯定只有一点肤浅的印象，它并没经过仔细观察，便选定了，只是匆匆忙忙地把猎物挂在草丛高处，便急急忙忙地返回工地去了。这第二个存放点是它第一次看

到，而且是经过时匆忙看到的。这么匆匆一瞥，它能记得很准确吗？另外，在昆虫的记忆中，两个地点现在可能被搞混了，第一个存放点跟第二个存放点会让它不知谁先谁后，它究竟会往哪儿去探看呢？

我们很快就能知晓结果。蛛蜂已离开洞穴，再一次去查看自己存放的猎物。它径直奔向第二个存放点，在那儿找了很久，怎么也找不到自己的猎物。它明明知道自己就是把猎物存放在那儿的，怎么会找不着呢？它继续在那儿寻找着，根本没有打算回到第一个存放点去看看。对于它而言，第一个存放点已不复存在，它关心的只是这第二个存放点。只见它在原地找个遍之后，又往四周继续寻过去。

它终于在那个光秃秃的空旷地找到了自己的猎物，是我把猎物放到那儿去的。蛛蜂立即把寻找回来的猎物存放到第三个草丛高处。我又对它进行了测试。这一次，蛛蜂毫不迟疑地就直冲第三处草丛奔去，根本就没有与前面两个存放点发生混淆，对头两处它根本不屑一顾，足见它的记忆力是十分准确的。我以同样的方法又继续进行了两次实验，蛛蜂总是直奔最后的那个存放点，对先前的存放点根本不予理会。蛛蜂这个小家伙的记忆力真是惊人，令我叹服。一个与别处并无多大不同的地方，它只要匆匆忙忙地瞥上一眼，就能够深深地印在记忆之中，何况它还有很多的活儿要干，还得忙着建房造屋，操心的事不少。我们作为高级动物，我们的记忆力能够始终像蛛蜂那么好吗？我看未必。回过头来再看看红蚂蚁，它也具有与蛛蜂同样的记忆力，因此，它在长途跋涉之后，沿着原路返回家中，也就没有什么可以怀疑、没有什么无法解释的了。

现在，我再来给蛛蜂制造点麻烦，增加点难度。我用指头在土里按下一个印，弄出个凹坑，把蛛蜂的猎物放进这个小凹坑里，上面用一片薄薄的叶子把它盖好。蛛蜂来到猎物存放点之后，居然从叶子上穿过，在上面走过来走过去，却并没想到自己的猎物就在叶下。然后，它又往四周去寻找，终无所获。这就说明，指引它的并非嗅觉，而是视觉。在此期间，它的触角一直在不停地拍打着土地。那么，触角这个器官究竟起到什么作用呢？这我说不清楚，我只知道它不是嗅觉器官。通过对沙泥蜂寻找灰毛虫的实验，我已经得出了这个结论；现在，我所得到的证据已经经过实验，我觉得这是决定性的，毋庸置疑。我还得指出，蛛蜂的视力很弱，所以它虽经常在离自己猎物不远的地方来来往往地寻找，却没能一眼就看到自己那被我挪了窝儿的猎物。

（本篇选自原著第五卷）

注释：

①图塞内尔（1803—1885）：法国著名新闻工作者，对动物特别是鸟类颇有研究，著有《动物的才智：法国式犬猎和激情动物学》《鸟类世界》等作品。

②梅斯梅尔（1734—1815）：奥地利医生，提出“动物磁力”说，认为人可以通过这种磁力向他人传递宇宙力。

③卡廖斯特罗（1743—1795）：意大利魔术师和冒险家，曾在欧洲兜售一种所谓的“长生不老药”。

④亚马孙人：传说中的妇女民族，生活在高加索或斯基台一带。

⑤吗哪：《圣经》中所叙述的天赐食粮，据说以色列人离开埃及前往迦南的40年旅途中，上帝显灵，赐这天粮给他们。

⑥小拇指：法国诗人、童话作家佩罗（1628—1703）的童话《小拇指》中的主人公。

隧　蜂

你了解隧蜂吗？你大概不了解。这无伤大雅：即使不了解隧蜂，照样可以品尝人生的种种温馨甜蜜。然而，只要努力地去了解，这些不起眼的昆虫就会告诉我们许多奇闻趣事，而且，如果我们对这个纷繁的世界拓宽一点我们的知识面的话，同隧蜂打打交道并不是什么让人鄙夷不屑的事。既然我们现在有空闲，那就了解了解它们吧。它们值得我们去了解。

怎么识别它们呢？它们是一些酿蜜工匠，体形一般较为纤细，比我们蜂箱中养的蜜蜂更加修长。它们成群地生活在一起，身材和体色又多种多样。有的比一般的胡蜂个头儿要大，有的与家养的蜜蜂大小相同，甚至还要小一些。这么多种多样，会让没经验的人束手无策，但是，有一个特征是永远不会改变的：任何隧蜂都清晰可辨地烙有本品种的印记。

你看看隧蜂肚腹背面腹尖上那最后一道腹环。如果你抓住的是一只隧蜂，那么其腹环则有一道光滑明亮的细沟。当隧蜂处于防卫状态时，细沟则忽上忽下地滑动。这条似出鞘兵器的滑动槽沟证明它就是隧蜂家族之一员，无须再去辨别它的体形、体色。在针管昆虫属中，其他任何蜂类都没有这种新颖独特的滑动槽沟。这是隧蜂的明显标记，是隧蜂家族的族徽。

四月份，工程谨慎小心地开始了，若不是有一些新鲜泥土堆成的小包的话，外面是一点也看不出来的。外面工地上没有一点动静。工匠们极少跑到地面上来，因为它们在井下的活计十分繁忙。有时候，这儿那儿，有这么一个小土包的顶端晃动起来，随即便顺着圆锥体的坡面滑落下去，这是一个工匠造成的，它把清理的杂物抱出来，往土包上推，但它自己并没露出地面。眼下，隧蜂只忙活这种事。

五月带着鲜花和阳光来到了。四月里挖土方的工人现在变成了采花工。我无论何时都能够看见它们待在开了天窗的小土包顶上，个个都浑身沾满黄花粉。个头儿最大的是斑纹蜂，我经常看见它们在我家的花园小径上筑巢建窝。我们仔细地观察一下斑纹蜂。每当储存食物的活计干起来的时候，总会突然不知从何处来了这么一位吃白食者。它将让我们目睹强取豪夺是怎么回事。

五月里，上午十点钟左右，当储备粮食的工作正干得欢时，我每天都要去察看一番我那人口稠密的昆虫小镇。我在太阳地里，坐在一把矮椅子上，弓着腰，双臂支膝，一动不动地观察着，直到吃午饭时为止。引起我注意的是一个吃白食者，是一种叫不上名字的小飞虫，却是隧蜂凶狠的暴君。

这歹徒有名字没有？我想应该是有的，但我并不太想浪费时间去查询这种对读者来说并没多大意义的事情。花时间去弄清枯燥的昆虫分类词典上的解说，倒不如把清楚明白的叙述事实提供给读者为好。我只需简略描绘一下这个罪犯的体貌特征就可以了。它是一种身长五毫米的双翅目昆虫，眼睛暗红，面色白净，胸廓深灰，上有五行细小黑点，黑点上长着后倾的纤毛，腹部呈浅灰色，腹下苍白，爪子系黑色。

我在观察隧蜂时，发现其周围这种双翅目昆虫的数量很多。它常常蜷缩在一个地穴附近的阳光下静候着。一旦隧蜂收获归来，爪上沾满黄色花粉，它便冲上前去，尾随隧蜂，前后左右飞来转去，紧追不舍。最后，隧蜂突然钻入自家洞中，这双翅目食客也随即迅疾落在洞穴入口附近。它一动不动地，头冲着洞门，等待着隧蜂干完自己的活计。隧蜂终于又露面了，头和胸廓探出洞穴，在自家门前停留片刻。那吃白食者仍旧纹丝不动。

它们常常是面对面，间隔不到一指宽。双方都不动声色。隧蜂没有戒备伺机偷食的食客，至少，其外表之平静让人做如是想；而食客也丝毫没有担心自己的大胆行为会受到惩罚。面对一根指头就能把它压扁的巨人，这个侏儒却仍旧岿然不动。

我本想看到双方有哪一方表现出胆怯来，却未能如愿：没有任何迹象表明隧蜂已知自己家里有遭到打劫之虞；而食客也没有流露出任何因会遭到严厉惩处而有的担心。打劫者与受害者双方只是互相对视了片刻而已。

身材巨大的宽宏大量的隧蜂只要自己愿意，就可以用其利爪把这个毁其家园的小强盗开膛破肚，可以用其大颚压碎它，用其螫针扎透它，但隧蜂压根儿就没这么干，只任由那个小强盗血红着眼睛盯住自己的宅门，一动不动地待在旁边。隧蜂表现出这种愚蠢的宽厚到底是为什么呢？

隧蜂飞走了。小飞蝇立刻飞进洞去，像进自己家门似的大大方方。现在，它可以随意地在储藏室里挑选了，因为所有的储藏室都是敞开着的；它还趁机建造了自己的产卵室。在隧蜂归来之前，没有谁会打扰它。让爪子沾满花粉，胃囊中饱含糖汁，是件颇费时间的活计，而私闯民宅者要干坏事也必须有充裕的时间。但罪犯的计时器非常精确，能准确地计算出隧蜂在外面的时间。当隧蜂从野外返回时，小飞蝇已经逃走了。它飞落在离洞穴不远的地方，待在一个有利位置，瞅准机会再次打劫。

万一小飞蝇正在打劫时，被隧蜂突然撞见，会怎么样呢？出不了大事的。我看见一些大胆的小飞蝇跟随隧蜂钻入洞内，并待上一段时间，而隧蜂则正在调制花粉和蜜糖。当隧蜂掺兑甜面团时，小飞蝇尚无法享用，于是它便飞出洞外，在门口等待着。小飞蝇回到太阳地里，并无惧色，步履平稳，这就明显地表明它在隧蜂工作的洞穴深处并未遇到什么麻烦事。

如果小飞蝇太性急，太讨厌，围着糕点转个不停，后颈上准会挨上一巴掌，这是糕点主人会有的举动，但仅此而已。盗贼与被偷盗者之间没有严重的打斗。这一点，从侏儒步履平稳、安然无恙地从忙着干活儿的巨人洞穴出来的样子就可以看得出来。

当隧蜂无论满载而归或一无所获地回到自己家中时，总要迟疑片刻；它迅速地贴着地面前后左右地飞上一阵。它的这种胡乱飞行让我首先想到的是，它在试图以这种凌乱的轨迹迷惑歹徒。它这么做确实是必要的，但它似乎并没有那么高的智商。

它所担心的并非敌人，而是寻找自家宅门时的困难，因为附近小土包一个又一个，相互重叠，昆虫小镇街小巷窄，再加上每天都有新的杂物清理出来，小镇面貌日日有变。它的犹豫不决明显可见，因为它经常摸错了门，闯到别人家中。一看到门口的细微差异，它立刻知道自己走错门了。

于是，它重又努力地开始弯来绕去地探查，有时突然飞得稍远一点。最后终于摸到自家宅穴。它喜不自胜地钻了进去，但是，不管它钻得有多快，小飞蝇还是待在其宅门附近，脸冲着其门口，等待着隧蜂飞出来后好进去偷蜜。

当屋主又出了洞门时，小飞蝇则稍稍退后一点，正好留出让对方通过的地方，仅此而已。它干吗要多挪地方呀？二者相遇是如此相安无事，所以如果不知道一些其他情况的话，你绝对想不到这是窃贼与屋主间的狭路相逢。

小飞蝇对隧蜂的突然出现并没有惊慌失措，它只是稍加小心了点而已。同样，隧蜂也没在意这个打劫它的强盗，除非后者跟着它飞，纠缠它。这时，隧蜂一个急转弯就飞远了。

吃白食者此刻也处于两难境地。隧蜂回来时甜汁在其嗉囊中，花粉沾在爪钳里，盗贼吃不着甜汁，而花粉尚未定型，是粉末状的，也进不了口。再者，这一点点花粉也不够塞牙缝的。为了集腋成裘制成圆面包，隧蜂要多次外出去采集花粉。必需之材料采集齐备之后，隧蜂便用大颚尖掺和搅拌，再用爪子将和好的面团制成小丸。如果小飞蝇把卵产在做小丸的材料上，经这么一番揉捏，那肯定是完蛋了。

所以，小飞蝇的卵是产在做好的面包上面的；因为面包的制作是在地下完成的，吃白食者就必须进入隧蜂的洞宅之中。小飞蝇贼胆包天，果真钻下去了，即使隧蜂身在洞中也全然不顾。失主要么是胆小怕事，要么是愚蠢地宽容，竟然任窃贼自行其是。

小飞蝇悉心窥探、私闯民宅的目的并不是想损人利己，不劳而获；它自己就可以在花朵上找到吃的，而且并不费事，比这么去偷去抢要省劲儿得多。我在想，它跑到隧蜂洞中也就是想简单地品尝一下食物，知道一下食物的质量如何，仅此而已。它宏大的、唯一的要事就是建立自己的家庭。它窃取财富并非为了自己，而是为了自己的后代。

我们把花粉面包挖出来看看。我们将会发现这些花粉面包经常被糟蹋成碎末状，白白地浪费了。散落在储藏室地板上的黄色粉末里，我们会看见有两三条尖嘴蛆虫蠕动着。那是双翅目昆虫的后代。有时与蛆虫在一起的还有真正的主人——隧蜂的幼虫，却因吃不饱而孱弱不堪。蛆虫尽管不虐待隧蜂幼虫，但抢食了后者最好的食物。隧蜂幼虫可怜兮兮，食不果腹，身体每况愈下，很快便一命呜呼了。其尸体变成了微小颗粒，与剩下的食物混在一起，成了蛆虫的口中之物。

可隧蜂妈妈在孩子遭难之时在干什么呢？它随时都有空去看看自己的宝宝的；它只要探头进洞，便可清楚地知晓孩子们的惨状。圆面包被糟蹋一地，蛆虫在钻来钻去，稍看一眼就全清楚是怎么回事了。那它非把窃贼子孙弄个肚破肠流不可！用大颚把它们咬碎，扔出洞外，简直是轻而易举的事。可是愚蠢的妈妈竟然没有想到这么做，反而任由鸠占鹊巢者逍遥法外。

随后，隧蜂妈妈干的事更愚蠢。成蛹期来到之后，隧蜂妈妈竟然像封堵其他各室一样把被洗劫一空的储藏室用泥盖封堵严实。这最后的壁垒对于正在变形期的隧蜂幼虫来说是绝妙的防护措施，但是当小飞蝇来过之后，你这么一堵，那可是荒唐透顶了。隧蜂妈妈对这种荒唐之举却毫不犹豫，这纯粹是本能使然，它竟然还给这个空房贴上封条。我之所以说是空房，是因为狡猾的蛆虫吃光了食物之后，立即抽身潜逃了，仿佛预见到日后的小飞蝇会遇到一道无法逾越的屏障似的。在隧蜂妈妈封门之前，它们就已经离开了储藏室。

吃白食者既卑鄙狡诈，又小心谨慎。所有的蛆虫都会放弃那些黏土小屋，因为这些小屋一旦堵上，那它们就会葬身其间。黏土小屋的内壁有波状防水涂层，以防返潮，小飞蝇的幼虫表皮很敏感娇嫩，似乎觉得这种小屋非常舒适，是其理想的栖身之地，然而蛆虫并不喜欢。它们担心一旦变成小飞蝇，就会被困在其中，所以匆匆离去，分散在升降井附近。

我挖到的小飞蝇确实都在小屋外面，我从未在小屋里面见到过它们。我发现它们一个一个都挤在黏土里的一个窄小的窝儿内，那是它们还是蛆虫时移居到此后营建的。来年春天，出土期来临时，成虫只需从碎土中挤出去就能到达地面了，这一点儿也不困难。

吃白食者的这种迫不得已的搬迁还有另一个也是十分重要的原因。七月里，隧蜂要第二次生育。而双翅目的小飞蝇只生育一次，其后代此时尚处于蛹的状态，只等来年变成成虫。采蜜的隧蜂妈妈又开始在家乡小镇忙着采蜜；它直接利用春天建筑的竖井和小屋，这可大大地节约了时间！精心构筑的竖井房舍全都完好如初。只需稍加修缮便可交付使用。

如果生就喜欢干净的隧蜂在打扫屋子时发现一只蝇蛹，会怎么样呢？它会把这个碍事的玩意儿当作建筑废料处理掉。它会把这玩意儿用大颚夹起，也许把它夹碎，搬到洞外，扔进废物堆中。蝇蛹被扔到洞外，任风吹日晒，必死无疑。

我很钦佩蛆虫明智的预见，不求一时之欢快，而谋未来的安然无恙。有两个危险在威胁着它：一是被堵在死牢中，即使变成飞蝇也无法飞出去；二是隧蜂修缮宅子后清扫垃圾时把它一块儿扔到洞外，任风吹雨打，抛尸野外。为了逃避这双重的灾难，在屋门封堵之前，在七月里隧蜂清扫洞宅之前，它便先行逃离险境。

我们现在来看一看吃白食者后来的情况。在整个六月里，当隧蜂休闲的时候，我对我那昆虫众多的昆虫小镇进行了全面的搜索，发现总共有五十来个洞穴。地下发生的惨案没有一件逃过我的眼睛。我们一共四个人，用手把洞里挖出的土过筛，让土从手指缝中慢慢地筛下去。一个人检查完了，另一个人再重新检查一遍，然后第三个人、第四个人再进行两次复检。检查的结果令人心酸。我们竟然没有发现一只隧蜂的虫蛹，一只也没有。这隧蜂密集于此的街区，居民全部丧生，被双翅目昆虫取而代之。后者呈蛹状，多得无以计数，我把它们收集起来，以便观察其进化过程。

昆虫的生活季节结束了，原先的蛆虫已经在蛹壳内缩小、变硬，而那些棕红色的圆筒却保持静止不动状态。它们是一些具有潜在生命力的种子。七月的似火骄阳无法把它们从沉睡中烤醒。在这个隧蜂第二代出生的月份中，好像上帝颁发了一道休战圣谕：吃白食者停工休整，隧蜂和平地劳作。如果敌对行动接二连三，夏天同春天时一样大开杀戒，那么受害太深的隧蜂也许就要灭种了。第二代隧蜂有这么大一段休养生息期，生态的平衡也就得以保持了。

四月里，当斑纹隧蜂在围墙内的小径上飞来飞去，寻找一个理想地点挖洞建巢时，吃白食者也在忙着化蛹成虫。啊！迫害者与受迫害者的历法是多么精确，多么令人难以置信呀！隧蜂开始建巢之时，小飞蝇也已准备就绪：它那以饥饿之法消灭对方的故技又重新开始了。

如果这只是一个孤立的情况，我们就不用去注意它了：多一只隧蜂少一只隧蜂对生态平衡并不重要。可是，不然！以各种各样的方式进行杀戮抢掠已经在芸芸众生中横行无度了。从最低等的生物到最高等的生物，凡是生产者都受到非生产者的盘剥。以其特殊地位本应超然于这些灾难之外的人类本身，却是这类弱肉强食残忍表现的最佳诠释者。人在心中想："做生意就是弄别人的钱。"正如小飞蝇心里所想："干活就是弄隧蜂的蜜。"为了更好地抢掠，人类创造了战争这种大规模屠杀和以绞刑这种小型屠杀为荣的艺术。

人们每个星期日在村中小教堂里唱诵的那个崇高的梦想："荣耀归于至高无上的上帝，和平归于凡世人间的善良百姓！"①我们将永远也看不到它实现。如果战争关系到的只是人类本身，那么未来也许还会为我们保存和平，因为那些慷慨大度的人在致力于和平。但是，这灾祸在动物界也极其肆虐，而动物是冥顽不化的，是永远不会讲道理的。既然这种灾祸是普遍现象，那也许就是无法治愈的绝症了。未来的生活令人不寒而栗，将会如同今日之生活一样，是一场永无休止的屠杀。

于是，人们便挖空心思，终于想象出来一个巨人，能把各个星球把玩于股掌之间。他是无坚不摧的力量的化身，他也是正义和权力的代表。他知晓我们在打仗，在杀戮，在放火，野蛮人在获得胜利；他知晓我们拥有炸药、炮弹、鱼雷艇、装甲车以及各种各样的高级杀人武器；他还知晓包括平民百姓在内的因贪婪而引起的可怕的竞争。那么，这位正义者，这位强有力的巨人，如果他用拇指按住地球的话，他会犹豫着不把地球按碎吗？

他不会犹豫的……但他会让事物顺其自然地发展下去。他心中也许会想："古代的信仰是有道理的；地球是一个长了虫的核桃，被邪恶这只蛀虫在啃咬。这是一种野蛮的雏形，是朝着更加宽容的命运发展的一个艰难阶段。我们顺其自然吧，因为秩序和正义总是排在最后的。"

（本篇选自原著第八卷）

注释：

①原文为拉丁文。

隧蜂门卫

初春时节由孤独的隧蜂单独挖好的住所，到夏季来临时便成了全家人的共同财产。地下有将近一打的蜂房。可从这些蜂房里出来的全是雌蜂。这是我饲养的那三种隧蜂的共同规律。它们每年繁殖两代。春天出生的一代全是雌蜂；夏季出生的一代则有雌有雄，而且雌雄数量几乎相等。

隧蜂家庭成员的减少，并非因事故所致，而是由饥不择食的小飞蝇造成的。隧蜂全家有一打姐妹（只是姐妹），个个勤劳，人人都能无须性伙伴而生儿育女。另外，隧蜂妈妈的住处绝不是一间破屋陋室：其住宅的主要部分是出入通道，清除一点瓦砾之后就可以进出。这就节省了对于隧蜂而言极其宝贵的时间。洞底的蜂房是一些黏土小屋，也几乎完好无损，如要加以利用，只需用细毛刷轻轻清理一下即可。

那么，在有同等权利幸存的雌蜂中，谁将继承这所住宅呢？根据死亡的概率，继承者应有六七只或更多一点。隧蜂妈妈的住宅将属于谁呢？它们之间根本不为这事争吵。妈妈的宅子被认为是共有财产，这是无可争议的。隧蜂姐妹们从同一个通道平静地钻进钻出，去忙各自的活计，从不你争我夺。

在井的底部，每个隧蜂姐妹都有自己的一小块领地，那是一些新近挖好的一个个蜂房，因为旧的蜂房已被占用，现在数量不够用了。在这些属于私产的凹室里，每个隧蜂妈妈都在一旁干活儿，看守着自己的财产，严守自己的隐私。其他的地方全都是可以自由往来的。

隧蜂忙着干活儿时进进出出的景象煞是好看。一只采花粉的雌蜂从田野归来，毛茸茸的爪子上沾满了花粉。如果洞门无蜂进出，它便立刻钻进地下去。在门口稍停片刻纯属浪费时间，活儿可不等人。有时候，有好几只间隔不久，相继而来。通道太狭窄，容不下两只同时进出，特别是要避免相互摩擦，蹭掉各自爪子上的花粉，于是离洞口最近的就赶快钻入。其他的隧蜂则在门口按先后次序排好，不挤不拥，等着轮到自己进入。第一只一钻入地下，第二只便紧随其后，然后第三只、第四只，一只一只地快捷地跟着钻入地下。

有时候会遇到一只要进一只要出的情况。于是，要进去的便稍往后退，礼让要出的先出来。礼让是相互间的。我就看见过有一些隧蜂正要钻出地面，又返回去，让出通道给刚飞回来的隧蜂。通过大家的相互谦让，大家进进出出非常顺畅。

我们再仔细地观察，还有比这种良好的进出秩序更好的哩。当一只隧蜂在花间采集归来时，我看见一种关闭屋门的活门突然降了下去，让通道可以通行。当到来的隧蜂一钻进门里，活门又升回到原先的位置，几乎与地面持平，又关上了。有隧蜂出来，活门也同样操作。活门从后面推顶，往下降去，门就启开，隧蜂便可飞出。隧蜂一飞出来，门又重新关上。

这个在隧蜂每次飞进或飞出时在井坑圆柱体内像活塞似的或升或降，或开或闭的活门到底是什么东西？这是一只隧蜂，它已成了宅子的看门人。它用自己的大脑袋在前厅上面形成一道无法逾越的障碍。如果宅子里有谁要进来或出去，它就拉动绳子，也就是说，它就退至通道的一处较宽、可以容下两只隧蜂的地方。对方通过之后，它便立即回到洞口，用脑袋把口堵住。它一动不动，用目光搜索着，只有在抓捕那些不知趣的家伙时它才离开自己的岗位。

我们趁它飞出来抓捕的这一短暂时刻仔细观察一番。它看上去与其他现在正忙着采集花粉的隧蜂一模一样，不过，它已秃顶，衣服破旧，已无光泽。在其半脱毛的背部，漂亮的褐色与棕红相间的斑马纹腰带已丧失殆尽。它的这身因长期干活而破损的衣服明白无误地告诉了我们一些情况。

在洞口站岗放哨看门守屋的这只隧蜂比其他的隧蜂年岁大。它是这个住宅的建造者，是现在正在忙着采集花粉的隧蜂姐妹们的妈妈，是现在还是幼虫的隧蜂们的外婆。三年前，当它还是个花季少女时，它单枪匹马地拼命干活儿，累得精疲力竭。现在，它的卵巢已经萎缩，它该休息了。不，“休息”一词在此运用不当。它还在干活儿，它在为这个家尽自己的绵薄之力。它已经不能再生儿育女，便当上了看门人。它为自己的家人开门关门，把陌生人拒之门外。

谨慎多疑的山羊羔从门缝望出去，对狼说道：“让我看看你的爪子，不然我就不开门。”①隧蜂外婆同样谨慎多疑，它也要对来者说道：“让我瞧瞧你的隧蜂黄爪子，不然就不让你进来。”如果被认为并非自家人，谁也甭想进洞来。

我们就来看看，一只蚂蚁路过洞穴附近。蚂蚁是个厚颜无耻的亡命徒，它很想知道洞底下为何有蜜的甜香味飘上来。隧蜂看门人脖子一扭，意思是说：“滚开，不然要你的命！”通常，这种威吓的动作就足够了，蚂蚁见状会赶紧走开。如果它赖着不走，隧蜂看门人便会飞出洞来，向那大胆狂徒扑过去，推搡它，驱赶它。把它赶跑之后，隧蜂看门人便立刻回到哨位，继续站岗放哨。

现在我们来谈谈切叶蜂。切叶蜂不谙挖洞技巧，便学着同胞的样儿，使用一些别的蜂留下的旧通道。当春天的小飞蝇把隧蜂的地下通道掏得空空荡荡的时候，这通道对于切叶蜂来说就很合适了。切叶蜂在寻找一处可以堆放其用刺槐叶制作的羊皮袋似的住所时，经常绕着我的隧蜂小镇飞来飞去，寻寻觅觅。它觉得有一个洞穴挺合适的。但是，在它落地之前，它的嗡嗡声已经被隧蜂看门人察觉了，只见后者突然飞出，在其门口做了几个手势。这就够了，切叶蜂立刻就明白了，赶紧离去。

有时候，切叶蜂还有时间迅疾落下，将头探入井口。隧蜂看门人立即出现，脑袋稍稍抬起，把洞口堵住。随即出现一种不太严重的对峙。外来者很快便明白这个洞穴已有主儿了，不可冒犯，也就不再坚持，到别处寻觅住所去了。

我曾亲眼看到一个老窃贼——寄生切叶蜂的媚态尖腹蜂，被猛烈地推搡了一阵。这个冒失鬼原以为自己钻入的是切叶蜂的住所。它弄错了；它遇上了隧蜂看门人，受到了严厉的惩戒。它赶忙溜之大吉。其他的那些或因忙中出错，或因野心勃勃而欲闯入隧蜂洞穴的昆虫也都是同样的下场。

在隧蜂外婆们之间，也是同样地互不相容。将近七月中旬，当隧蜂小镇热闹繁忙的时候，有两种隧蜂是很容易辨认的：年轻的隧蜂妈妈和隧蜂老媪。隧蜂妈妈数量更多，体轻身健，衣着鲜艳，不停地从田野到洞穴，从洞穴到田野地飞来飞去。而隧蜂老媪则面容枯槁，无精打采，懒散闲淡地从一个洞穴逛到另一个洞穴，让人看着好像是迷失了路径，摸不着自己的家门了。它们这么游来荡去的是怎么回事？我看见它们一个个都一副伤心痛苦状，由于春天的可恶的小飞蝇干的好事，它们已无家可归了。很多洞穴被扫荡一空。夏季来临，隧蜂妈妈孤身一人，只好离开自己那已成空房的家屋，去寻找一处有摇篮需看护，有岗要站的住宅。但是，这些幸福的家庭已经有了自己的守卫，即其创建者，它紧把着自己的权利，对于自己的无业的邻居十分冷漠。一个哨兵足矣；两个哨兵的话，哨位太小，容纳不下。

有时候我还能看到两位隧蜂外婆在争吵。当寻找职业的游荡者突然来到大门前的时候，合法的那位看守者并不离开自己的哨位，不像见到自己的孩子从田野回来那样，退回到过道里去。它绝不让出通道，并用爪子和大颚进行威胁。对方也不示弱，仍旧想要闯入。双方便推搡起来。争斗以外来者的失败而告终，失败者只好去别处找碴儿寻衅。

这些小场景让我们从斑马纹隧蜂的习性中隐约看到某些极有意思的细节。春季筑巢做窝的隧蜂妈妈一旦工程完工，就不再走出家门。它要么隐于狭小肮脏的洞穴深处，一心一意地干些琐碎的家务活儿，要么懒洋洋地等待着孩子们出世。夏日炎炎，隧蜂小镇又一片繁忙热闹时，外面采集的活儿用不着它去干，它只好在前厅入口处站岗放哨，只许自己外出劳作的孩子们进入，不许别有用心的歹徒有非分之想。没有隧蜂外婆的许可，谁也甭想入内。

没有任何迹象表明，这个警惕的门卫擅离过职守。我从未见过它离开家门，去花间大快朵颐，以恢复体力。它年事已高，而且其看家护院的活儿也不很累，也许就用不着吃什么东西。也许孩子们采集归来，时不时地从自己的胃囊中吐出一点儿来给它。不管吃与不吃，反正隧蜂外婆不再出门了。

但是，它却需要有天伦之乐。它们当中有不少已无家庭欢乐了。双翅目小飞蝇把它们的家洗劫一空。被洗劫者们只好撇弃那已空空荡荡的洞穴，衣衫褴褛忧心忡忡地在隧蜂小镇四处游荡。它们并不走远，更经常的是待在原地一动不动。它们因而变得脾气暴躁，粗暴地对待他人，竭力赶走别人。它们就这样一天一天地变少，变衰，最后消亡。它们的下场是什么？小灰蜥蜴一直在窥伺着它们，最终拿它们饱了口福。

那些安居于自己领地中、看守着自己的孩子们劳作的制蜜作坊的隧蜂，始终保持着高度的警惕，一丝不苟。我同它们接触越多，就越发地钦佩它们。清晨凉爽时，采集花粉的隧蜂们因找不到被太阳晒熟的花粉而闭门不出的时候，我就看见隧蜂门卫待在通道上端入口的自己的岗位上。它们一动不动地待在那儿，脑袋堵住入口，与地面持平，以防外来者侵入。如果我离得太近地观察它们，它们就稍稍后退，在暗处等着我这个不速之客离去。

上午八点至十二点，采集高峰时，我又来观察。由于采集女工们进进出出，一片繁忙，我就看见那扇门一会儿开一会儿关的，忙个不停。这时是隧蜂门卫最紧张最累的时刻。

午后，天气太热，花粉采集工们不再去田间野地里了。它们钻进住宅底部，油漆新建的蜂房，制作供虫卵所需的圆面包。隧蜂外婆始终留在上面，用自己那光秃秃的脑袋堵住大门。即使天气再热，门卫也不能午睡，因为必须保证全家人的安全。

夜幕降临或者更晚一些，我又回来观察。我凭借提灯的光亮又看到隧蜂门卫仍旧如白天一样地忠于职守。其他的隧蜂都休息了，而门卫却没有，它明显是担心夜间会出现危险，而这些危险只有它才了解。那么它最后会不会回到下一层的安静处去呢？有这种可能，因为这么长时间全神贯注地看家护院非常累，必须休息休息。

很明显，如此这般地守卫着的洞穴就可以避免类似于五月那使家庭大量减员的灾祸的发生。让盗窃隧蜂面包的窃贼小飞蝇现在来试试看！它的冥顽不化，它的大胆妄为绝逃不过时刻高度警惕着的门卫，后者稍加威胁就能吓退来犯者，要是来犯者执意不走，那它非用大钳把来犯者夹碎不可。窃贼小飞蝇将不会来了，个中原委我们很清楚，因为到春回大地之前，它们都待在地下，处于蛹的状态。

但是，就算小飞蝇没了，可在蝇科这种低等层次中，还有其他一些攫取他人财富者。这些家伙什么坏事都干得出来，无所不用其极。可是，七月里，我在各个洞穴附近查看时一个都没有撞见。这帮混账东西真是暗中偷盗的高手！它们多么了解隧蜂门口有门卫在把守着啊！对于它们来说，今天是没有机会了，所以一只蝇科昆虫都未出现，春天的那种灾祸未再降临。

隧蜂外婆因年岁大而免除了做母亲的烦恼，专司大门守卫、保护全家老小安全之职，这告诉我们在本能起源中突然出现的一些事。隧蜂外婆向我们展示了一种突然而至的才能。而这种才能，无论是在它自己过去的行为举止中还是在它女儿们的一举一动中，都没有任何东西使我们能够猜测出来。

从前，当凶残的小飞蝇当着它的面闯入家中时，或者更经常的是，当小飞蝇待在入口处，与它面面相对时，愚蠢的隧蜂竟然一动不动，甚至都没有吓唬一下这个红眼强盗，而它本可以轻易地就把这个小侏儒制服。它这是被吓住了吗？不会的，因为它仍然像没事似的忙着自个儿的事；不会的，因为强者不会就这么被弱者吓倒。这是因为它对大祸临头一无所知，这是因为它愚不可及。

可是今天，这个三个月前还愚昧无知的隧蜂无师自通地非常了解危险之所在了。任何外来者，只要一出现，无论个儿大个儿小，无论属于哪一种属，一概拒之门外。如果肢体的威吓无济于事的话，隧蜂门卫就会跑出洞外，向赖着不走者扑过去。原先的胆小者现在无所畏惧了。

怎么会有这种一百八十度的大转弯呢？我倒是希望这是因为隧蜂吸取了春天灾难的教训，从今往后便开始提防危险了；我也很想赞扬它是受到经验教训的启迪转而学会担当门卫的重任。但是，我这种想法是错误的。如果说隧蜂是由于一点点的进步，终于学会了安排一个门卫来看家护院的话，那又怎么会对窃贼的担心时有时无呢？五月时节，它单枪匹马，的确无法长期把守大门：首先要干家务活儿。但是，自它的家族遭受迫害时起，它至少应该了解这种寄生虫——小飞蝇，而且当后者每时每刻几乎都在自己的脚前爪下转悠时，甚至跑到自己的家中来时，它至少应该把窃贼赶走才对，但它并没有这么做。

所以，祖辈的深重苦难并没有给后代的平和性格留下任何本质的改变，而它亲身经历过的苦难与它七月里突然的警觉也毫不相干。动物与我们人一样，有自己的欢乐，也有自己的不幸。它疯狂地享受着欢乐，却很少去操心不幸之事，这不管怎么说，是动物享受生活的最佳方法。为了减轻苦难和保护家族，动物有本能的启迪，用不着凭什么经验或教训，隧蜂因此而知道设立一个门卫之职。

粮食准备充足之后，隧蜂便不再外出去采集花粉，也不再满载花粉而归，可这时候，隧蜂外婆仍一如既往地保持着警惕，坚守自己门卫的岗位。最后的准备工作就在地下洞穴中进行，那关系到一窝小隧蜂；各个蜂巢关闭了。直到所有的一切全部结束之前，洞口大门将始终被严密地把守着。然后，隧蜂外婆和隧蜂妈妈将离开家屋。它们毕生忠于职守，将去往我不知道的什么地方默默地死去。

自九月起，第二代隧蜂便出现了，既有雌蜂，也有雄蜂。

（本篇选自原著第八卷）

注释：

①引自法国寓言诗人拉·封丹的寓言故事《狼、山羊和山羊羔》。

朗格多克蝎的家庭

在解决生活中的问题时求助于科学书籍，收获不大，这时候，应孜孜不倦地对事实进行探讨，这比藏书丰富的书橱有用得多。在许多情况下，无知反倒更好，脑子可以自由思考，无先入为主之见，不致陷入书本所提供的绝境。我刚刚再一次地体会到了这一点。

一篇出自大师之手的解剖学论文告诉我，朗格多克蝎九月份有家庭之累。唉！我要是没翻阅这篇论文该多好！至少在我们地区的气候条件下，朗格多克蝎的繁殖期要大大地早于论文中所说的月份。不过，好在我没太受这篇论文的影响，要不然我傻等到九月份，那就什么也看不到了。我苦苦地观察了三年，简直等得人困马乏，心灰意冷，但还是没有看到我预想的非常有意思的那个场景。环境并无异常，可我却莫名其妙地坐失良机，白白地浪费了一年时间，而且我也许都想放弃对这个问题的研究了。

没错儿，无知可能有益，抛开老路可以发现新东西。我们的著名大师之一从前曾这么教导我，他就不怎么相信已知的课本知识。有一天，巴斯德①未事先通知，突然按响我家的门铃，就是那位很快就将闻名遐迩的巴斯德本人。我当时已深知其名了。我早就拜读过这位学者的有关酒石酸不对称结构的大作了，也怀有浓厚的兴趣一直关注着他对纤毛虫纲生殖问题的研究。

每个时代都有其对科学的奇思妙想。我们今天有进化论，而那个时代却有自生论。巴斯德凭借自己人为决定其有菌无菌的烧瓶，按照自己那严谨而简单的绝妙实验，把一个无理的谬论彻底推翻了，依据这一谬论，腐败物内部的一种冲突性化学反应可以激发出生命来。

我知道那个被巴斯德成功地予以澄清的有争论的问题，所以我极其热情地欢迎了这位著名的来访者。他跑来找我，最主要的目的是想请教我几个问题。我能享有这份实不敢当的荣幸，应归功于我物理和化学上的同行身份。唉！我只不过是他的一个小小的、默默无闻的同行罢了！

巴斯德巡视阿维尼翁地区的目的是了解养蚕业。几年来，各个养蚕场一片惶恐，被一些搞不清的灾害弄得凋敝不堪。蚕宝宝们无缘无故地就发生溃烂，继而变硬，成了一些石灰膏壳的蚕仁硬皮豆。蚕农们手足无措，眼看着自己的一项主要收成化为乌有，付出这么多心血和钱财，落得个把一屋一屋的蚕扔进肥料堆里去的下场。

我们就猖獗的灾害进行了一番交谈，谈话开门见山：

“我想看看蚕茧，”来访者说，“我还从来没见过蚕茧，只是知道其名而已。您能帮我弄一些来看看吗？”

“这很好办。我的房东就是经营蚕茧生意的，我们门对门。请您稍等片刻，我去给您弄一些来。”

我三步并作两步地跑到邻居家里，衣服口袋里装满了蚕茧后回来了。我把蚕茧拿出来给大学者看。他拿起一个，在手指间翻过来倒过去地观看，那份好奇劲儿，犹如我们在看一件来自天涯海角的奇异物品。他在耳边摇了摇。

“还响哩。”他极为惊讶地说，“里面有东西。”

“当然有。”

“什么东西呀？”

“蚕蛹。”

“什么，蚕蛹？”

“是一种木乃伊似的东西，幼虫在里面逐渐变化，最后变成蝴蝶。”

“所有的蚕茧里面都有这个东西吗？”

“当然，蚕吐丝结茧就是要保护蛹的。”

“啊！”

他没再说什么，就把蚕茧装进衣兜里去了，大概留待空闲时去探究蚕蛹这个重大的新生事物。他这种胸有成竹的非凡自信令我惊叹。巴斯德不了解蚕、茧、蛹变形的知识，却前来为蚕谋求新生。古代的体育教师们出场表演时是一丝不挂的。我们的这位与养蚕业灾害做斗争的神奇勇士同他们一样，奔向角斗场时也是赤身裸体的，也就是说他对欲救的那种昆虫连最起码的常识都没有。我为之惊讶不已，而且远胜于此，我感到为之叹服。对下面的问题我就不怎么惊奇了。巴斯德当时还关心一个问题，就是通过加温提高酒的质量的问题。他突然转换话题说道：“带我看看您的酒窖。”

带他看我的酒窖？我那寒酸的酒窖？凭我那当教师的微薄薪水我连喝点酒都喝不起，所以我常常抓把红糖和苹果丝放进一只坛子里发酵，为自己弄点酸不溜丢的劣质苹果酒喝喝！我的酒窖！要看我的酒窖！何不看看我的一桶桶陈年佳酿呀！我的酒窖！那还能叫酒窖吗？！

我感到狼狈不堪，一再地支吾躲闪，试图转换话题。但是他不肯罢休，说道：“请您带我看看您的酒窖。”

他这么一个劲儿地坚持，我也就没法拒绝了。我用手指指厨房角落里的一把没有椅垫的椅子，上面放着一只容量有十二升左右的大肚坛子。

“我的酒窖，那就是，先生。”

“这就是您的酒窖？”

“我没别的酒窖了。”

“都在这儿了？”

“唉！是的，都在这儿了。”

“啊！”

他没再说什么。学者没有发表任何看法。看得出来，巴斯德并不了解这种平民百姓称为“疯奶牛”的口味重的菜肴。如果说我的酒窖——那把旧椅子和拍着空空响的大肚坛子——没就利用加热来抑制发酵的问题发表看法的话，却雄辩地谈到了我那位赫赫有名的来访者似乎并不懂得的另一件事情。一种微生物逃过了他的眼睛，而且是最可怕的微生物中的一种：扼杀坚强意志的厄运。

尽管出现了酒窖这令人扫兴的插曲，但我仍对他那镇定自若的自信深为叹服。他一点儿也不了解昆虫的蜕变；他这是生平头一次看到一只蚕茧，并获知这只茧里有点东西，那是未来蛾子的雏形；我们南方农村小学一年级的学生都知道的事他却全然不知。然而，这个问了一些莫名其妙的问题的大专家，不久即将让养蚕场的卫生状况发生翻天覆地的变化；同样，他也将使医药和公共卫生产生革命性的变化。

他的武器就是思想，不拘泥于细枝末节而凌驾于全局之上的思想。对他来说，变形、幼虫、若虫、蚕茧、蛹壳、蛹虫以及昆虫学的数千种小秘密有什么要紧的？在他思考的问题中，不知道这一切也许更好一些。这样，他的思绪就能更好地保持其独立见解，大胆地腾飞；其行动摆脱了已知的东西的羁绊，将会更加自由。

受到巴斯德摇动蚕茧细听后的惊讶神态这绝佳范例的鼓励，我便立下了一个信条，把无知这种方法运用在我对昆虫本能的研究上。我很少看书。与其用翻阅书本这种我力所不能及的费时耗力的办法，与其向别人讨教，倒不如自己坚持不懈地与我的研究对象亲密地接触，直到让它们开口说话为止。我什么都不清楚。这样反倒更好，我的探询也就更加自由，可以根据已获知的启迪，今天从这个方面去探究，明天则进行反向思维。如果我偶尔翻开一本书，我便有心在自己的思绪中留下一个向怀疑大大敞开的空间，因为我所开垦的土地上长满了蒿草和荆棘。

因为未曾这么去做，我已差点儿浪费了一年的时间。当时因过于相信书本，我在九月之前，没想过朗格多克蝎的家庭的出现，可我却在七月里无意之中发现了这个家庭。实际日期与预见的日期之间的这段差距，我把它归之于气候差异：我今天是在普罗旺斯进行观察，而曾为我提供信息的雷翁·迪弗尔则是在西班牙进行观察的。尽管这位大师是个大权威，我还是应该多存个疑问的。但我没有这么做，以致差点儿坐失良机，幸好，那普通的黑蝎子以前并不是这么告诉我有关它的家庭的。啊！巴斯德不知蚕蛹是怎么回事真是太好了！

普通黑蝎子比朗格多克蝎个头儿小，且比后者安静，我一直把它们养在一些小的大口瓶中，放在我工作室的桌子上，用作参照的蝎子。这些普通的瓶子不占地方，也便于观察，所以我每天都要看看它们。每天早晨，在开始往记录本上记录情况之前，我总要掀起点为它们藏身用的硬纸板，看看头天夜里有什么状况。天天这么观察在大玻璃笼子里就难以办到，因为大玻璃笼子里有许多的小格间，必须颇费周折，大动干戈才能逐一地进行检查，而且检查完之后再恢复原状也不容易。而用小的大口瓶装黑蝎，检查起来就易如反掌了。

有一天，我眼前一亮，突然看到母蝎背着一群小蝎。那是七月二十二日早晨六点钟光景的事。我在掀开硬纸板遮盖物时，竟然发现一只黑蝎妈妈背上背着一群小蝎，仿佛背脊上披着一件白色短披风。我顿感一种温馨、甜蜜、满足，而这种时刻是观察者隔好久好久才能遇上的。我生平头一次亲眼看见黑蝎妈妈背着自己小宝宝们的弥足珍贵的场面。黑蝎妈妈是刚分娩的，大概是头天夜里的事，因为头一天它身上还是光溜溜的。

接二连三的好事在等待着我：第二天，又有一只黑蝎妈妈披上了一件白色短披风；第三天，又有两只黑蝎妈妈同时披上白色短披风。总共是四只，这比我所奢望的要多。有四个黑蝎家庭做伴，再加上几天的安静日子，我可以说是颇觉生活甜蜜了。

特别是好运接踵而至。当我发现小的大口瓶中有了重大收获之后，我便立刻想到大玻璃笼子；我在思考朗格多克蝎是否会像黑蝎一样早熟。我顿生感悟，赶紧跑去查看。

笼中的二十五片瓦都被翻开了。大获丰收！我都一副老骨头了，但我此刻立即觉着硬化的血管里有二十岁的年轻人的热流在涌动。在二十五块瓦片中的三块下面，我发现了蝎妈妈带着自己全家。有一只的孩子们已经长大了，有约一个星期大了，这是我后来连续观察才弄明白的；另外两只刚分娩不久，就在头一天的夜里，这从蝎妈妈的大肚子下面还精心保留着的一些残留物就可以看得出来。我们一会儿将要看一看这些残留物是怎么一回事。

七月逝去，八月、九月也过去了，我再没有收获什么。因此，确定两种蝎子的生育期都在七月下旬。七月份过去之后，一切都结束了。然而，大玻璃笼子里面养的那些蝎子中，还有一些母蝎同已经生过蝎宝宝的母蝎一样，肚子大大的。我原指望它们能给我添丁，因为种种迹象都让我这么期盼着。冬天来了，它们中谁也没有满足我的愿望。看上去马上就要实现的事情却拖到了来年：这再次说明妊娠期很漫长，特别是在低等生物中，这种情况十分罕见。

我把每只母蝎及其蝎宝宝移到能够仔细观察的狭小的容器里。早晨我去查看时，发现头一天夜里分娩的那些蝎妈妈肚子下面又藏着一部分小宝宝。我用一根草尖把蝎妈妈拨开来，在那堆尚未爬上母亲脊背的小宝宝中，我发现了一些东西，把我从书本上学到的有关这一问题的那一点点知识彻底推翻了。据说，蝎子属于胎生，这种说法虽颇有学问，但缺乏准确性。实际上蝎子宝宝并非一生下来就是我们所熟知的那个样子。

而这一点是讲得通的。如果小宝宝伸着钳子，张开爪子，蜷起尾巴，它怎么能够进入母蝎的通道呢？这种碍手碍脚的小宝宝永远也通不过母亲那狭窄的通道的。所以它出生时必须紧裹着，少占空间才行。

母蝎腹下发现的残留物确实是一些卵，与我解剖妊娠很长时间的卵巢时所见到的一模一样。小宝宝紧缩成米粒状，以节省空间，尾巴贴在肚皮上，双钳回收胸前，足爪紧紧地贴于腰侧，这样一来，这椭圆形的小宝宝就可以顺顺当当地滑出来了。它额头上有墨黑的点，那是它的眼睛。小宝宝悬浮于一滴透明的液体中，此刻那液体就是它的天地，它的大气层，外面由一层精巧的薄膜包裹着。

那些残留物确实是一些卵。分娩刚结束时，朗格多克蝎有三四十个卵，而黑蝎的卵则要稍微少一些。我去查看时已经太晚了，只赶上个结尾。但是，所剩无几的卵也足以坚定我的看法。蝎子实际上是卵生的，只不过其卵孵化得非常之快，母蝎刚一产下卵来，小宝宝便破卵而出了。

那么，小宝宝是如何孵出的呢？我有得天独厚的机会亲眼看见这个过程。我看见蝎妈妈用大颚尖小心翼翼地挑起卵的薄膜，把它撕破，扯下，然后把薄膜吞下。在给小宝宝剥胎衣时蝎妈妈倍加小心，犹如温柔慈爱地舔食胎衣的母羊和母猫。尽管工具很粗糙，但宝宝那细皮嫩肉上没有任何伤痕，也没伤筋动骨。

我简直惊呆了：蝎子是最先把近乎我们人类的母爱传给自己的孩子的。远在植物区系那远古时代，第一只蝎子出现时，生儿育女的那份爱心就已经在酝酿之中了。如同休眠状态的种子的卵，如同当时爬行动物和鱼类已经拥有的、而不久之后又将为鸟类和几乎全部的昆虫所拥有的卵，已经是一种极其微妙的有机体的等同体了，已成为高等动物胎生现象的前兆了。生命的孵化已不在各种事物的危险重重的外部或内部进行，而是在母体的腰间腹下完成了。

生命的进化并非循序渐进的，并非从低级到高级，再从高级往最高级。进化是跳跃式的，有的时候是在进步，有的时候却是在倒退。大海有潮起潮落。生命也是一种大海，比水的大海更加高深莫测，它也有过潮起潮落。它还将会有潮起潮落吗？谁能说它有？谁又能说它没有？

如果母羊不想法用嘴唇把胎衣剥下并吞食掉，羊羔就永远无法从胎盘中出来。同样，蝎宝宝也要母亲的帮助。我就看见过一些蝎宝宝被黏膜粘住，在已经撕破了的卵囊中拼命地扭来扭去，怎么也挣脱不出来。必须有母亲的那一下牙咬才能让宝宝彻底解放。认为宝宝在解放的过程中也起着作用，那是错误的。宝宝软弱无力，虽然它的出生袋子像洋葱片内壁的皮膜一样细薄，但它就是挣脱不开这层细薄的皮膜。

雏鸡喙尖上有一个临时的硬茧，供它破壳而出时啄壳用。而蝎宝宝为了节省空间，是蜷缩成米粒状的，它死死地等待着外援。一切都得由蝎妈妈去完成。蝎妈妈努力地完成着自己的工作，分娩中附带排出的东西也全部被它清理掉，甚至包括那些随之而出的未受孕的卵也被清理干净了。一点碎衣破片都见不着了，全都回到蝎妈妈的胃里去了，而产卵时占用的那块地方也都干干净净的。

蝎宝宝现在一个个被收拾得干干净净，欢蹦乱跳的。它们通体雪白。从头至尾，朗格多克蝎长九毫米，黑蝎长四毫米。随着产后清洗完毕，蝎宝宝们一个一个地往蝎妈妈背脊上爬去。它们沿着妈妈的双钳缓缓地往上爬。蝎妈妈把双钳贴地，以利于宝宝们攀登。宝宝们一个个紧紧挨挤着聚在一起，并无队形，却在妈妈背上留下了一条覆盖层。它们凭借自己的小细爪子牢牢地攀附在上面。我用毛刷把它们扫下来而又不想碰伤这些细皮嫩肉的小家伙，还颇费了些工夫哩。蝎妈妈背着小宝宝们时，双方谁都一动不动，这正是进行实验的好时机。

身披蝎宝宝们组成的白色短披风的蝎妈妈是值得关注的一景。蝎妈妈一动不动，尾巴高高地翘卷起来。如果我把一根麦秸移近蝎子一家，蝎妈妈立即恶狠狠地竖起双钳，这种凶相只有在自卫时才显现出来。它竖起双臂做拳击状，钳子大张着，随时准备还击。它的尾巴翘着，挥动着，这在平时是难得一见的；尾巴不能突然放平，否则会带动背脊，也许会把背上的小宝宝们甩下一些来。拳头竖起就足以威胁敌人的了，那架势既勇猛，又突然，又威武。

我对此并不觉得好奇。我拨弄下来一个小宝宝，把它移至其母面前一指远。蝎妈妈好像并不在意这个事故；它原先一动不动，现在仍纹丝不动。掉下去几个小家伙有什么可大惊小怪的？小家伙会自己想法儿摆脱困境的。掉下去的小蝎子举手蹬腿，紧张焦急，然后，突然发现妈妈的一只钳子就在自己面前，于是，便迅速爬上去，回到了兄弟姐妹们的中间。它就又骑到妈妈身上，但动作笨拙得要死，与狼蛛的孩子们相去甚远，后者一个个都是高空杂技的好手。

实验又开始了，这次规模更大。我拨弄下来一部分小蝎子，小家伙们散落一地，但相距并不太远。它们迟疑不决了挺长时间。正当它们不知如何是好，在转来转去的时候，蝎妈妈终于害怕会有不测了。它用我称之为胳膊的两只钳式触角合抱成半圆，搂住自己面前的沙子，把迷途的孩子们搂到自己的面前来。它干这种活儿时笨手笨脚，做得很粗糙鲁莽，根本没考虑会不会把宝宝们给压碎。母鸡轻轻一声召唤，跑开去的鸡雏们就立即回到自己的怀前膝下；母蝎却是用耙子一耙，把孩子们给耙回面前来的。但是，掉下去的小蝎子们全都安然无恙。它们一回到妈妈面前，便立即往它身上爬去，又聚集在妈妈的脊背上了。

即使并非自己的孩子，蝎妈妈也会像对待自己亲生子女似的接纳它们。如果我用毛刷把一只蝎妈妈背上的蝎宝宝全部或部分地扫下来，弄到另一只蝎妈妈伸手可及的地方，后者也会把它们耙到自己面前，如同对待自己的亲生儿女似的，而且心甘情愿地让这些新来的小宝宝爬到自己的背上去。它好像把它们“收养”下来了，如果“收养”一词不算过分野心勃勃的话。

“收养”谈不上。那是狼蛛的事，因为它分不清自己的孩子和别人家的孩子，所以凡是在自己爪子前面爬动的小狼蛛它都全部接受。

我经常看到在地中海一带的常绿灌木丛中有母狼蛛背驮着小狼蛛们在散步，我一直期盼着看到母蝎也这样驮着小蝎子们溜达。然而，母蝎并不了解这种消遣方法。一旦当了妈妈，母蝎就有一段时间不再外出了，即使晚上，其他人都外出嬉耍的时候，它也不出门。它把自己禁锢在自己的小屋里，不吃不喝，一心想着扶养子女。

小宝宝们也确实弱不禁风：可以说它们必须经历第二次出生。它们正一动不动地在准备着第二次诞生，它们对此已经熟悉，就像由幼虫蜕变为成虫一样。尽管小蝎与成年蝎外貌挺相像，但轮廓线条却不够清晰，仿佛是透过雾气看到的。我怀疑它们得脱去身上的衣服才能变得矫健，变得威武。

它们这第二次出生必须一动不动地待在母蝎背上一个星期。这时，“弃皮”（我不敢称之为“蜕皮”）完成了。之所以称为“弃皮”，是因为这与真正的蜕皮有所不同，真正的蜕皮以后还要经历许多次的。真正意义上的那几次蜕皮，是在胸廓上裂开一道缝，成虫从这唯一的一道裂缝中脱颖而出，把原先的空壳旧衣裳扔掉。这空壳的形状与刚从中爬出来的蝎子一模一样，二者惟妙惟肖，难分伯仲。

我们现在所看到的则完全是另一码事。我在一块玻璃片上放上几只正在弃皮的小蝎子。它们一动不动地待着，好像颇受煎熬，几乎支持不住了。外皮破裂，无特殊的破裂线，左右前后是同时破裂的；足爪从护腿套中伸出，双钳抛开护手甲，尾巴从尾鞘抽出。浑身的碎皮同时纷纷落下，像一堆破衣烂衫。这是一种杂乱无章的斑驳脱落。这之后，小蝎才有了蝎子的正常外貌。此外，它们的行动也敏捷灵活了。尽管仍旧呈苍白色，但它们已蹦跳自如，急忙下地，跑到蝎妈妈跟前跑动，玩耍。最让人惊讶的进步是它们突然间长大了。朗格多克蝎的小蝎子通常身长九毫米，可它们现在就已经有十四毫米长了。黑蝎的小蝎身长从四毫米达到六七毫米。身长增加了一半，体积增加了将近两倍。

在对这种突然增长感到惊讶之余，我就在寻思这种突然增长的原因何在，因为小蝎子尚未吃过任何食物。体重并未增长，反而下降了，因为扔掉了一层外皮。体积增大，但质量未增。因此，这是一种一定程度的膨胀，与热处理的毛坯物体的膨胀相仿。它们的体内产生了一种变化，把生命分子聚集成空间更大的结构体，所以虽无新的物质加入，体积却增大了。我想，谁如果有极大的耐心并配备有一套合适的器械，就能够观察到这种结构的急速变化，从而获得某些有价值的材料。我才疏学浅，无此能耐，就把这道难题留给他人吧。

小蝎弃掉的外皮是一些白色条状物，一些上了光似的碎布片，它们并不掉落在地上，而是紧贴在蝎妈妈的背部，特别是附着在足爪根部附近，缠成一块柔软的毯子，刚弃皮的小蝎子就栖息其上。坐骑现在已披上马衣，骑手们坐在马上无须害怕身体摇晃。这层破衣烂衫做成的结实鞍辔为骑手们提供了把手足镫，任由它们上上下下，动作敏捷灵活。

当我用毛刷轻轻一拨，小蝎子们便纷纷落马，好玩的是它们又非常迅速地纵身上马，稳坐其上。它们抓住马衣垂条，尾巴作杆，纵身一跃，上得马来。这种奇异的马衣是真正的攀登绳梯，方便了小蝎们迅速上马。它很结实，不会破裂，差不多可以使用一个星期，也就是说用到小蝎脱离蝎妈妈的保护为止。

这时，小蝎体色显现：肚腹和尾巴染上了金黄，钳子呈半透明的琥珀色晶莹状。青春使一切变得美丽。小朗格多克蝎确确实实非常美丽动人。如果它们一直像现在这种样子的话，如果它们不很快就配备上咄咄逼人的毒刺的话，它们就会是稀罕宠物，大家都会乐意喂养它们的。它们心中很快便升起了摆脱母亲监护的强烈愿望。它们很乐意爬下母亲的脊背，在附近疯玩乱耍。如果它们跑得太远，蝎妈妈便要呵斥它们，用双臂耙在沙土上划拉，把它们聚拢起来。

在小憩之时，蝎妈妈与宝宝们的那副架势犹如母鸡带着鸡雏们憩息一样。大多数小蝎子都在地上，紧挨着蝎妈妈；有几只待在白马衣那舒适的坐垫上。有的小蝎子在蝎妈妈尾巴上爬高，攀上螺旋峰的高处，像是在饶有兴趣地居高临下地观看脚下的小蝎子群。突然间，又有新的杂技演员登场，把它们赶下高峰，取而代之。每个小蝎子都想看看这观景台到底是怎么回事。

大部分家庭成员都围在蝎妈妈的身边；一个个不停地拱动着，钻在妈妈肚子底下，蜷缩着，额头露在外面，两只小黑眼睛闪烁着。最爱动弹的小家伙则喜欢妈妈的足爪，那是它们的体育器材，在上面做高空杂技训练。然后，歇下来时，大家便又往妈妈背脊上爬去，找好位置，坐定下来，不再动弹，妈妈及孩子们全都不动了。

小蝎子成熟和准备离开妈妈的监护的这个时期会持续一个星期，正好是不进食体积扩大两倍那奇特增长期的时间。一窝小蝎子待在蝎妈妈背上半个来月。母狼蛛驮着自己的小宝宝们长达六七个月，而小宝宝们虽然不吃不喝，却精神头儿十足，动弹个不停。蝎妈妈的小宝宝们至少在获得新生与灵活的蜕变之后，要吃点什么吧？蝎妈妈是否会邀请它们与它一道用餐？它是不是给它们留着自己的美食中更软嫩的佳肴？蝎妈妈谁也不邀请，它什么也没留着。

我给蝎妈妈放进一只蚱蜢，是我从我觉得适合小蝎子们的稚嫩的胃的小野味中挑选出来的。当母蝎毫不关照自己的孩子们，自己独自细嚼慢咽那只蚱蜢时，一只小蝎子从其背上爬下来，伸出头去往下探看，想弄明白妈妈在干什么。它用爪尖触及妈妈的下颌；突然，它吓得连忙后退。它走开了，这是明智之举。正在津津有味地咀嚼的妈妈根本不会给它留下一口，也许反倒会一把抓住它，毫不心疼地把它吞食掉。

蝎妈妈在吃蚱蜢脑袋，又一只小蝎子已经吊在了蚱蜢的尾部。小蝎子在轻咬轻拽蚱蜢，想吃上一点。最后，它未能如愿，因为这个部位太硬了。

我也见过一些这样的情景：如果蝎妈妈稍加关心，给小宝宝们一点吃的，那小宝宝们会很高兴享受一下的，特别是给的食物很适合它们那稚嫩的胃的话，然而，蝎妈妈只顾自个儿吃，其他的一概不管。

啊，那些让我度过美妙时刻的漂亮的小宝宝们呀，你们可怎么办呢？你们是想离家出走，去远处寻觅一些很不起眼的小虫子。我从你们的焦急乱窜中便看出这一点来了。你们要逃离自己的母亲，而它也不再认你们了。你们长得已很健壮，是该各奔东西了。

如果我十分了解你们适合吃什么样的小活食，如果我时间充裕，可以为你们去寻找，我会很高兴地继续喂养你们的，但不是把你们继续养在你们出生的玻璃笼子里的瓦片下，跟大人们混在一起。我了解那些老家伙，它们容不下别人。那些老妖怪会把你们吃掉的，我的小宝宝们。甚至你们的母亲们也不会放过你们的。在你们母亲们的眼里，从今往后，你们就被视作陌路人了。来年，婚俗季节，你们那嫉妒成性的母亲们在干完好事之后，就会把你们吃掉的。该离去了，小宝宝们，三十六计走为上。

否则，我让你们住在哪儿？怎么喂养你们？我们最好还是分手吧！尽管我心中不免有点惆怅。过几天，我把你们送到你们的领地撒放出去，就是那个多石的山坡地，那里太阳可暖和啦。你们在那儿会找到一些伴儿的，它们同你们一样刚刚开始成长，但它们已经在自己的小石块下独立生活了，那些小石块有时只有指甲盖儿那么点大。在那里，你们比在我家里更能学会如何为生存而进行艰难的抗争。

（本篇选自原著第九卷）

注释：

①巴斯德（1822—1895）：法国著名的化学家、微生物学家。

朗格多克蝎

朗格多克蝎沉默不语，其习性蒙着神秘色彩，与之接触无趣味可言，因此除了通过解剖所得到的一些资料之外，我对它的历史几乎一无所知。老师们的解剖刀向我揭示了它的机体结构，但是，据我所知，还没有任何一位观察者打定主意要持之以恒地研究它的隐秘习性。用酒精浸泡后开膛破肚的朗格多克蝎已清楚地为人所知，但是它在其本能范围内的活动情况鲜为人知。在节肢动物中，没有谁就生物学方面比它更应当被详加介绍了。世世代代以来，它都让平民百姓浮想联翩，竟成为黄道十二宫的标志中的一个。卢克莱修①曾说："恐惧造就神明。"蝎子通过让人们恐惧而被神化了，被尊为天上的一个星座，而且成为历书上十月的象征。我们试试让蝎子开口讲话。

在安排蝎子的住宿问题之前，我们先给它们做一个简单的体貌特征的描述。普通的黑蝎在南欧许多地方都有，大家都很熟悉。它经常出没于我们住处附近的阴暗角落。一到秋天阴天下雨的日子，它便钻进我们家中，有时候还钻进我们的被子里来。这可恶的昆虫给我们造成的不仅是疼痛，更是恐惧。尽管我现在的住宅中就有不少的黑蝎，但我观察时倒并没有什么意外伤害。这种恶名很大但又很可悲的昆虫更多的是让人感到厌恶而非危险。

朗格多克蝎生活在地中海沿岸各省，人们对它害怕有余而了解不足。

它们并不骚扰我们的住处，而是躲得远远的，藏于荒僻地区。与黑蝎相比，朗格多克蝎可谓一个巨人，发育完全时，身长可达八九厘米。其色泽呈干麦秸的那种金黄。

它的尾巴——实际上就是它的肚腹——是五节相连的状如酒桶的棱柱体，相互间由桶底板连接，形成粗细相同、错落有致的棱状条条，好似一串珍珠。这同样的纹路还遮盖着那举着大钳的大小臂膀，并把臂膀分割成一些条形磨面。还有一些纹路弯弯曲曲地分布在脊背上，好似其护胸甲结合部的绲边，而且是轧花绲边。这些凸出的小颗粒透出了盔甲那粗野厚重的架势，那也是朗格多克蝎的性格特征。就好像这个昆虫是用闪闪刀光砍削出来似的。

这种蝎子的尾端还有一个第六节体，表面光滑，呈泡状，是制作并存储毒汁的小葫芦。蝎毒外表看上去好似水一般，但毒性极强。毒腔终端是一个弯弯的螯针，色暗，尖利。针尖不远处有一个细小的孔，用放大镜方能隐约瞥见，蝎子放毒时毒汁从这细孔流出，渗进被尖头刺破的对方伤口。螯针既硬又尖，我用指头捏住螯针，让它扎一张硬纸片，它就像缝衣针扎衣服那样容易。

螯针弯曲度很大，当尾巴平放伸直时，针尖是冲下的。要使用这件兵器，蝎子就必须把它抬起来，反转过来，从下往上刺出去。这其实是它一成不变的攻击术。蝎尾反卷在背部，突然伸直，攻击被钳子夹住的对手。另外，蝎子平时几乎总是这种姿态，无论是在走动还是在歇息，尾巴都卷贴在背上。尾巴平拖在地上的情况十分罕见。

蝎钳从口中伸出。宛如螯针的大钳子，既是战斗的武器，又是获取信息的器官。蝎子往前爬时，便将钳子前伸，钳上的双指张开着，以便了解和对付遇到的东西。如果必须刺杀对手的话，双钳便先镇住对方，让对方吓得动弹不了，然后螯针从背部伸出来攻击。最后，如果需要长时间地撕咬猎物的话，那对钳子便当作手来使用，把猎物抓送到嘴里。它们从未被当作行走、固定或挖掘的工具使用过。

双钳等于是起着真正的爪子的作用。它们好像是被突然截断的指头，指尖生出几只可以活动的弯爪尖，其对面还竖着一根细而短的爪尖尖，几乎可以起到拇指的作用。那张小脸上长着一圈粗糙的睫毛。身体各部件组合而成一个绝妙的攀缘器，这就充分说明蝎子为什么能够在我的钟形罩网纱上爬来爬去，能够久久地仰着身子长时间地停在罩顶上，能够拖着沉重而笨拙的身子沿着垂直的罩壁攀上爬下。

蝎子身下，紧随爪子之后的是像梳子似的东西，那是奇特的器官，是蝎子独有的。梳子的名称源自其结构。它们是一长排的小薄片，相互紧密地排列着，犹如我们日常所用的梳子的排齿。解剖学者们怀疑它们是一部齿轮机，旨在雌雄交尾时使双方紧连在一起。为了仔细观察它们亲热时的习俗，我把提到的朗格多克蝎关在有玻璃壁板的大笼子里，并放进一些大陶片块，供它们藏身之用。它们一共是十二对。

四月里，当燕子飞来，布谷鸟初鸣时，我的那些此前一直平静地生活着的蝎子掀起了一场革命。在我的花园露天安置的昆虫小镇子里，不少的蝎子跑出去做夜间朝圣了，而且一去不复返。更加严重的是，在同一块砖头下面，我多次发现两只蝎子待在里面，一只在吞吃另一只。这是不是同类间打家劫舍的案子？美好季节开始了，生性好游荡的蝎子们冒失地闯进邻居家中，因为体弱而被对方吞食，丢了性命？几乎很像是这么个原因，因为闯入者被慢慢地吃了一整天，就像被捉住的一个猎物似的。

那么，这就值得警惕了。被吃掉的，无一例外，全是中等个头儿的蝎子。它们体色更加金黄，肚腹稍小，证明是雄蝎，而且被吃掉的总是雄性。其他的那些蝎子体形要大，肚子滚圆，稍有点带暗色，它们的死并不像这么惨。那么，这儿发生的可能并不是邻里之间的斗殴，不是因为太喜欢独居而对任何来访者怀有敌意，随即把它吃掉，以此作为对任何冒失鬼的彻底的解决办法，而是婚俗的成规使然，在交尾之后由女方残忍地把男方干掉。

春回大地，我已事先准备好了一个宽敞的玻璃笼子，放了二十五只蝎子，每只蝎子一片瓦。一月到四月中旬，每天晚上，夜幕降临之后，七点至九点之间，玻璃笼子中便闹腾起来。白天这里像是荒漠，此刻却变成了欢乐的景象。刚一吃完晚饭，我们全家便奔向玻璃笼子。我们把一盏提灯挂在笼子前面，便可看见事件的全过程了。

经过一天的繁乱之后，我们现在有好的消遣了。眼前是一场好戏。在这出由天真的演员表演的戏中，一招一式都极其有趣，以至刚把提灯点亮，我们全家老少就全都在池边就座了，连爱犬汤姆也前来观看。不过，汤姆对蝎子的事并不关心，坦然地躺在我们面前打盹儿，但只是一只眼睛闭着，另一只眼睛始终睁着，盯住它的朋友——我的孩子们。

让我想法儿给读者们描述一下所发生的事情。靠近玻璃壁板的提灯照得不太亮的那个区域，很快便聚集起不少的蝎子来。其他所有的地方，这儿那儿地游荡着一些孤独者，它们被亮光吸引，离开暗处，奔向光明的欢乐处。夜蛾子扑向灯火的场面也不如它们那么兴奋。后来者混入先前的那些蝎子中去了，而另一些因懒于争抢，退到暗处，歇息片刻，然后激情满怀地回到舞台上去。

这个纷乱狂热的可怕场面犹如一场狂欢舞会，颇为引人入胜。有一些从老远跑来，它们端庄严肃地从暗处爬出来，突然像滑行似的迅疾而轻快地冲向亮处的蝎子群。它们的灵活劲儿犹如碎步疾走的小耗子。蝎子们在相互寻找着，但指尖稍一接触便像彼此都被烫着了似的赶紧逃走。另有一些与同伴稍稍抱滚在一起，又赶紧分开，茫然不知所措，跑到暗处稳一稳神儿，又卷土重来。

不时地会有一阵激烈的喧闹：爪子相互缠绕，钳子又抓又夹，尾巴你钩我击，不知是威吓还是爱抚，谁也弄不清楚。在混乱之中，找到一个合适的视角，你就可以发现一对对的小亮点，像红宝石似的在闪烁。你会以为那是闪闪发光的眼睛，实际上那是两个小棱面，像反光镜似的光亮，长在蝎子的头上。蝎子们无论大小胖瘦全都参加了混战，那就像一场你死我活的战斗，一场大屠杀，然而那却是一场疯狂的嬉戏——就像小猫咪们扭缠在一起一样。不一会儿，大家四散开来，每一只蝎子都向自己的方向窜去，没有丝毫的伤痕，没有一点儿伤筋动骨。

现在，四散而去的逃跑者们又聚集到灯光前面来。它们爬过来荡过去，离开了又回来，常常头撞头脸碰脸。最性急的常常从别人的背上爬过去，后者只是动动屁股算是表示抗议。现在还没到大打出手的时候，顶多只是两人相遇，扇个小耳光罢了，也就是说用尾巴拍打一下对方而已。在蝎子群中，这种不使用毒针的敲敲打打是它们常见的拳击方式。

还有比爪子相缠、尾巴互击更精彩的情景。有的时候，会有一种极其新颖别致的打斗架势。两强相遇，头顶头，双钳回收，后身竖起，来个大倒立，以致胸脯上的八个呼吸小气囊全部展现。这时，它俩垂直竖立的尾巴相互磨蹭，上下滑动，而两个尾梢相互微微钩住，并多次反复地钩住、解开，解开、钩住。突然间，这友谊的金字塔坍塌了，双方便没有任何寒暄地急匆匆溜掉。

这两位摆出新颖别致的姿势意欲何为？是不是两个情敌在肉搏？看来不是，因为二人相遇时并非怒目而视。我从随后的观察中得知，它俩这是在眉目传情，私订终身。蝎子倒立起来是在倾吐自己的热情爱恋。

如果继续像我刚开始那样，逐日观察并把逐日积累的材料汇集在一起，是有益处的，而且叙述起来也比较快，但是，这么一来，那各有特色且难以融会贯通的一幕幕细节就被省略掉了，叙述的趣味性也就丧失了。在介绍如此奇特而且又鲜为人知的昆虫习性时，什么都不应该忽略不提。最好是参照编年法，并把观察到的新情况分段叙述出来，尽管这样做有重复累赘之嫌。从这种无序必然产生有序，因为每天晚上的那些引人入胜的情况都能提供一种联系，对先前的情况予以验证与补充。我现在就进行抽样叙述。

一九〇四年四月二十五日

啊！那是怎么了？我还从未曾见过。我一直没放松警惕，但这还是头一回亲眼看到了这番情景。两只蝎子面对面，钳子伸出，钳指互夹。这是友好的握手，而非搏杀的前奏，因为双方都以最平和友善的态度对待对方。这是一雌一雄的两只蝎子。一个肚子大，颜色发暗，是雌蝎；另一只相对瘦小，色泽苍白，是雄蝎。它俩都把长尾卷成漂亮的螺旋花形，有板有眼地沿着玻璃墙边踱着步。雄蝎在前倒退着走，步伐平稳，根本不像拖不动对方的样子。雌蝎被抓住爪尖，与雄蝎面对面，驯服地跟着走。

它们走走停停，但始终这么绞在一起。它们歇歇停停，然后又走动起来，忽而从这儿走，忽而从那儿走，从围墙的一头转到另一头。看不出它们到底要走到哪里去。它们闲逛着，开始发情，眉来眼去的。此情此景让我想到在我们村镇，每个星期日晚祷之后，年轻人一对一对地手挽手、肩搂肩地沿着藩篱墙散步。

它们常常掉转回头。总是雄蝎在决定往哪个方向走。雄蝎没有松开对方的手，亲切地转个半圆，与雌蝎肩并着肩。这时候，雄蝎展开尾巴轻轻抚摩雌蝎片刻。雌蝎一动不动，声色不露。

我一直兴趣不减地观察着这没完没了的来去往返，足足有一个钟头。家中有人帮我一起观察这番奇情妙景，世上还没有人见过这种场面，至少没有以善于观察的目光看过这种表演。尽管天色已晚，而我们又是习惯早睡的，但是我们始终注意力高度集中，一点重要情节都没有逃过我们的眼睛。

最后，十点钟光景，雌雄要有结果了。雄蝎爬到一片它觉得合适的瓦片上，松开雌蝎的一只手，只松了一只手，而另一只手仍旧紧攥着不放，用松开的一只手扒一扒，用尾巴扫一扫。一个洞口张开了。雄蝎钻了进去，然后，一点一点地，轻而又轻地把在耐心等待着的雌蝎拉进洞内。不一会儿，它们便不见了踪影。一块沙土垫子把洞门封上。这对情侣入了洞房。

打扰它俩的好事是愚蠢的。我如果想要马上看到洞内所发生的情况的话，那就可能操之过急，不合时宜。耳鬓厮磨和准备工作也许就要持续大半夜，而我已年近八旬，熬长夜已开始让我力不能支。双腿酸痛，眼睛发涩，先去睡上一觉再说吧。

我整整一宿都梦见蝎子。我梦见它们钻进被窝，爬到我脸上，但我并没有惊恐不安，因为我脑子里满是蝎子的奇情异事。第二天天一亮，我便去揭开那块瓦片。只有雌蝎独自待在那儿。雄蝎没了踪影，那个洞里没有，附近也没见。这是我的第一个失望，后面的失望大概会一个接一个的。

五月十日

已是晚上将近七点钟，天上乌云翻滚，大雨将至。在玻璃笼子的一块瓦片下面，有一对蝎子正脸朝脸，手指钩住手指，一动不动地待着。我小心翼翼地揭开瓦片，让这对居民暴露出来，我好随意观察它俩这种脸对脸后的一举一动。天渐渐地黑下来，我觉得不会有什么去搅扰没了屋顶的住所的安宁的。倾盆大雨哗哗泻下，我只好抽身回屋避雨。蝎子们有玻璃笼子防护，无惧雨之袭击。它们的爱意正浓，凹室却被揭去华盖，就这么被弃于那儿，它们将如何操作呢？

一小时过后，大雨停了，我又回到蝎子笼前。它俩走了。它俩选了旁边的一所有瓦顶的屋子住下了。雌蝎在外面等待着，而雄蝎则在里面布置新房，但指头仍旧钩着。家中人每十分钟替换一次，免得错过我觉得随时都会进行的交尾。但这么紧张一点用也没有。将近八点钟时，天已经完全黑透了，这对蝎子由于不满意所选的新房，开始踏上朝圣之路，仍旧手钩着手，往别处寻觅。雄蝎倒退着引导方向，选择自己合意的住所；雌蝎则跟随着，温驯服帖。这和我四月二十五日所看到的一模一样。

终于找到了它俩都中意的瓦屋。雄蝎先闯进去，但这一次它两只手一会儿都没有松开自己的情侣。它用尾巴这么三扫两划拉，新房便准备停当。雌蝎被雄蝎轻柔和缓地拉着，随其向导之后也进了洞房。

两个钟头过去了，我满以为已经给了它俩足够的时间完成准备工作，干成好事，便前去查看。我揭开瓦片。它俩就在里面，仍旧保持着原先的姿势，脸对脸，手拉手。今天看上去是没再多的花样儿可看了。

第二天，依然未见新鲜玩意儿。一个面对另一个，都若有所思的样子，爪子全都没有动弹，手指仍旧钩住，在瓦顶下继续那没完没了的脉脉含情。日影西斜，暮色已近，经过这么二十四个钟头的你我紧密相连之后，这对情侣总算分手了。雄蝎离开了瓦屋，雌蝎仍留在其中，好事未见一丝进展。

这场戏中有两个情况必须记住。其一，一对情侣相亲相爱地散步之后，必须有一个隐蔽而安静的住所。在露天地里，在熙熙攘攘的环境中，在众目睽睽之下，这等好事是永远也做不成的。屋瓦揭去，无论白天还是黑夜，无论如何小心谨慎，情侣们似乎思考良久后总会离开原地，另觅新居。其二，在瓦屋中停留的时间是很长很长的，我们刚才已经看到，都等了二十四个小时了，但仍未见到决定性的一幕。

五月十二日

今晚这一幕将告诉我们些什么？天气闷热，无风，很适合夜间的幽会发情。两只蝎子已经成双配对，但我并未看见它俩是怎么勾搭上的。这一次，雄蝎体形比肚大腰圆的雌蝎要小得多。但雄蝎雄风不减。像约定俗成似的，雄蝎倒退着，尾巴卷成喇叭状，领着胖雌蝎在玻璃墙边悠然散步。它们转了一圈又一圈，忽而向同一方向转圈，忽而回过去转圈。

它们常常停下歇息。停下时，二人头碰头，一个稍偏左，另一个稍偏右，仿佛是在交头接耳，窃窃私语。前头的小爪子磨蹭着，像在轻抚对方。它俩在说些什么？那无言的海誓山盟怎么才能翻译出来？

我们全家都跑过来看这种奇特的勾搭景象，而且，我们的在场丝毫没有影响它们。那景象让人看着颇有情趣，这么说毫不夸张。在提灯的光亮下，它俩好像嵌在一块黄色琥珀之中的半透明的、光亮的物体。它们长臂前伸，长尾卷成可爱的螺旋形，动作轻柔，一步一步地开始长途跋涉了。

其他蝎子没有打扰它们。如果有这么一个“流浪汉”晚间纳凉，正像它俩一样沿着墙边漫步，与它俩途中相遇，它知道它俩准备干风流勾当，便会闪到一边，让它俩过去。最后，一处瓦片隐蔽所收留了它俩，于是，不言而喻，雄蝎首先倒退着走进去。时间已是晚上九点钟了。

随着这晚间的田园诗之后是夜间惨不忍睹的悲剧。第二天早晨，雌蝎仍在头一天晚上的那片瓦屋内，而瘦小的雄蝎就在其身旁，但已被雌蝎吞食了一部分。它的头、一只钳子、一对爪子没有了。我把这具残尸放在瓦屋门口。整整一个白天，隐居的雌蝎没有动过它。夜色重又浓重时，雌蝎出来了，在门口遇上死者，把死者拖至远处，以便隆重安排葬礼，也就是说把死者吃个干净。

这种同类相食的情况与去年我在昆虫小镇上看到的情景完全一致。当时，我随时都能发现一只胖乎乎的雌蝎在石块下面津津有味地像吃大餐似的把自己的夜间伴侣给吃掉。当时我就在猜想，雄蝎一旦干完好事之后不及时抽身的话，必定被雌蝎或全部地或部分地吃掉，这要看雌蝎当时的食欲如何。现在，事实就摆在我的面前，我的猜想一语成谶。昨天我看见这对情侣在散步中充分准备之后双双入了洞房，可今天早晨，我跑去看时，在同一块瓦片下面，新娘正在消受自己的新郎哩。

毫无疑问，那不幸的雄蝎已经一命呜呼了。但是，由于种族繁衍的需要，雌蝎不会把雄蝎全吃掉。昨晚的这对情侣处事干净利落，可我还看见其他一些情侣在时针转了两圈时仍在耳鬓厮磨，卿卿我我。一些无法确定的环境因素，诸如气压、气温、个体激情的差异等，会大大地加速或延缓交尾高潮的到来。而这也正是巨大困难之所在，使得一心想要了解至今仍未能为人所知的爪梳的作用的观察者，难以准确无误地捕捉时机。

五月十四日

肯定不是饥饿让我的蝎子们每天晚上都激动不已的。它们每晚的狂欢劲舞与寻找食物毫不搭界。我刚往那些忙忙碌碌的蝎群扔进了花色繁多的食物，都是从看样子很对它们胃口的食物中挑选的，其中有幼蝗虫的嫩肉段，有比一般蝗虫肉厚肥美的小飞蝗，有截去翅膀的尺蛾。天渐渐暖和时，我还捉一些蜻蜓来喂它们，那是蝎子极爱吃的食物，我还把同样受它们欢迎的蚁蛉也捉来喂它们，以前我曾在蝎子窝里发现过蚁蛉的残渣、翅膀。

面对这么多高级野味，蝎子却不为所动，都对之不屑一顾。在混乱的笼子里，小飞蝗在蹦跳，尺蛾以残翅拍打地面，蜻蜓在瑟瑟发抖，但蝎子们从这些野味身旁走过时并不注意它们。蝎子们踩踏它们，撞倒它们，用尾巴把它们扒拉开，总而言之，蝎子们不需要它们，绝对不需要。它们有别的事情要忙。

几乎所有的蝎子都在沿着玻璃墙行走。有一些固执者试着往高处爬，它们用尾巴支撑身子，一滑便倒下来，然后又在别处试着往上爬。它们伸出拳头击打玻璃墙，它们拼死拼活地非要抢在前头。不过，这个玻璃公园挺宽敞的，人人都有地方待着；小径一条又一条，足可供大家久久地散步。它们不管，它们要往远处游荡。如果它们获得自由，它们会散布在四面八方。去年，也是这个季节，笼中的蝎子离开了昆虫小镇，我也就再没有见到它们。

春天交配期要求它们出游。此前一直形单影只地生活着的它们现在要抛开自己的囚牢，去完成爱情朝圣，它们不在乎吃喝，一心只想着去寻找自己的同胞。在它们领地的砖石堆里，大概也会有一些可以幽会、可以聚集的优选之地。如果我不担心夜间在它们的乱石岗上摔折腿的话，我还真想去看看它们在自由的温馨甜蜜之中男欢女爱哩。它们在光秃秃的山坡上干些什么？看上去与在玻璃笼内干的没什么不同。雄蝎选好一位新娘之后，便手牵手地领着新娘穿行于薰衣草丛中，悠然漫步。如果说它们在那儿享受不到我昏暗小灯的暗光的话，却有月光那无可比拟的提灯为它们照亮。

五月二十日

并不是每天晚上都能看到雄蝎邀请雌蝎散步的开头情景的。许多蝎子从各自的瓦屋下出来时已经成双成对了。它们就这么手牵着手度过整个白昼，一动不动，面面相对，沉思默想。夜晚来临，它们仍不分开，沿着玻璃笼边重又开始头天晚上甚至更早就开始的散步。我不知道它们是何时和怎样结合在一起的。有一些是在偏僻小道上偶然相遇的，而我们很难观察到这一点。当我隐约发现它们时，为时已晚，它们已结伴而行了。

今天，我的运气来了。在我的眼前，提灯照得最亮的地方，一对情侣已结合成了。一只喜形于色、生龙活虎的雄蝎在蝎群中横冲直撞，一下子便同一个它中意的过路雌蝎面对面了。后者没有拒绝，好事也就成了。

它俩头碰头，钳子撑着地，尾巴在大幅度地摆动着，然后，尾巴竖直，尾梢相互钩住，温柔亲切地相互抚摸。这对情侣在拿大顶，其方法我们前面已经叙述过了。不一会儿，竖起的尾巴架折散了；它们的钳指仍旧钩着，没翻其他花样，就这么上路了。金字塔形姿势完全是双双出行的前奏曲。这种姿势说实在的并非罕见，两只同性蝎子相遇也会如此，但同性间的这种姿势没有异性间的正规，特别是不那么郑重其事。同性搭建金字塔时动作急躁，并非友爱的撩拨，其两尾是在互相击打而非彼此抚爱。

我们稍稍跟踪一会儿那只雄蝎。它在急匆匆地往后退，因征服了对方而扬扬得意。它遇到其他的一些雌蝎，都好奇地，也许是嫉妒地列于两旁，看着这对情侣走过。其中有一只雌蝎猛地扑向被牵拉着的新娘，用爪子箍紧它，竭力地想拆散这对鸳鸯。那雄蝎拼命地抵抗那个进攻者的巨大拖拽力，它使劲儿地摇晃，拼命地拉拽，都未能奏效。它终于放弃了，但对这个意外事件并不感到遗憾。旁边就有一只雌蝎等着。这一次，它随便商谈几句，三下五除二地就把事情办妥了，它拉住这个新雌蝎的手，邀它一同散步。后者不干，挣脱开来，逃之夭夭。

那队雌蝎中，又有一只被这只雄蝎相中了，于是它又采取了同样的开门见山的方法。这只雌蝎答应了，但是这并不能说明半路上它就不会逃离这个雄性勾引者。对于年轻的雄蝎来说这没有什么大不了的！走了一个，还有许多其他的在等着。那它到底要什么样的呢？要第一个投入怀抱的。

这第一个投入怀抱者，它找到了，它正领着它的被征服者散步哩。雄蝎走到了明亮区域。如果对方拒绝往前走，它就拼命地又摇又拉；如果对方温驯服帖，它就温文尔雅。它常常停下歇息，有时候歇息时间还挺长。

这时，雄性在进行一些奇怪的操练。它把双钳——更准确地说是双臂——收回，然后又直伸出去，强迫雌蝎也交替地做这种动作。它俩变成了一个节肢拉杆机械，形成不断启合的状态。这种灵活性训练结束之后，机械拉杆便静止不动，僵持住了。

现在，它俩额头相触；两张嘴相互贴在一起，耳鬓厮磨。这种抚摸亲昵就是我们的接吻和拥抱。只是我不敢这么说而已，因为它们没有头、脸、嘴唇、面颊。仿佛被修肢剪一刀剪去了似的，蝎子甚至都没有鼻子尖。在应该是面庞的部位，它们长的却都是一些丑陋的颌骨平板。

但此时此刻是蝎子最美好的时刻！它用自己那比其他爪子更敏感、更娇嫩的前爪轻拍着雌蝎的丑脸，可在雄蝎眼里，那可是最美丽最甜润的面庞。它心痒难熬地轻轻咬着，用下颌搔弄对方那同样奇丑无比的嘴。这是温情与天真的最高境界。据说鸽子发明了亲吻，可我却知道早于鸽子的发明者：蝎子。

雌蝎任由雄蝎轻薄，它完全是被动的，心里暗藏着伺机逃跑的计划。可是如何才能溜掉呢？这很简单。雌蝎以尾做棒，朝着忘乎所以的雄蝎腕子上猛然一击，后者立即松开了手。于是，两蝎分开。第二天，气消之后，好事又会开始的。

五月二十五日

这猛然一棒告诉我们，最初观察所见的温驯的雌蝎伴侣有自己的小性子，会固执地拒绝对方，说翻脸就翻脸。我们来举一个例子。

这天晚上，一对俊男美女，即雌雄二蝎正在散步。它俩发现一片瓦甚为合意。雄蝎于是便松开一只钳子，仅松开一只，以便活动自如点。它用爪子和尾巴开始清扫入口。然后，它钻了进去。随着洞穴逐渐加宽加深，雌蝎便也跟着钻了进去，看上去是自觉自愿的。

不一会儿，也许是住宅和时间不合其意，雌蝎出现在洞口，半截身子退至洞外。它在努力挣脱雄蝎。后者身在洞内，拼命地往里拉拽雌蝎。争斗十分激烈，一个在里面拼命拽，另一个在外面使劲儿挣。双方有进有退，不分胜负。最后，雌蝎猛一用力，反把雄蝎给拽了出来。

这两蝎没有分开，但已到了室外，又开始散起步来。足足一个钟头里，它俩沿着玻璃笼墙根走过来走过去，最后又回到了刚才那片瓦前。穴道本已开通，雄蝎立即钻了进去，然后便疯狂地拉拽雌蝎。后者身在洞外，奋力地抗争着。它挺直足爪，踩住地面，拱起尾巴，顶住屋门，就是不肯进去。我觉得它的反抗并不让人扫兴。如果没有前奏曲进行铺垫，那交尾还有什么劲儿呢？

这时，瓦片内的雄蝎勾引者一再坚持，耍尽花招，雌蝎终于顺从了，进入洞内。钟刚敲十点。我哪怕熬上一整夜，也非要看到剧终不可。我将在合适的时机揭开瓦片，看看下面发生了什么。好机会十分罕见。突然，机会来了，我不敢怠慢。我会看到什么呢？

什么也没看到。刚过不到半个钟头，雌蝎反抗成功，挣脱束缚，爬出洞外，落荒而逃。雄蝎随即从瓦片下的深处追了出来，到了门口，左顾右盼。美人儿逃出了它的手心，它只好灰溜溜地回到瓦片下。它上当受骗了，我同它一样也被骗了。

六月开始到来。由于担心光线太强会引起蝎子的惶恐不安，我此前一直都是把提灯挂在玻璃笼子外面，与之保持一定的距离。由于光线不足，我无法看清在散步的蝎子情侣你牵我拽的某些细节。它们彼此手拉手时是否十分主动积极？它们的钳指是否相互咬合着？或者只有一个采取主动？那么是哪一个呢？这一点很重要，必须弄清楚。

我把提灯放在玻璃笼子的正中间。笼子内四处都被照得亮堂堂的。蝎子们非但不害怕亮光，反而乐在其中。它们围着提灯跑来转去；有的甚至还试图爬上提灯好离光源更近一些。它们借助玻璃灯罩倒是爬上去了。它们抓住铁片的边缘，坚韧不拔，不怕滑落，终于爬到了顶上。它们待在上面一动不动，肚子部分贴在玻璃罩上，部分贴在金属框架上，整个夜晚都在看个没完，为这灯的辉煌而叹服。它们让我想起了以前的那些大孔雀蝶在灯罩上的得意忘形劲儿来。

在灯下的一片光亮处，一对情侣正在抓紧拿大顶。它俩用尾巴温情地撩拨一番，然后便往前走去。只有雄蝎在采取主动。它用每把钳子的双指夹住雌蝎与之相对应的双指。只有雄蝎在努力，在夹紧；只有雄蝎想解套就解套，双钳一松，套就解开了。雌蝎则无法这样，雌蝎是俘虏，勾引者已经为它戴上了拇指铐。

在一些较为罕见的情况中，我们还可以看得更清楚一些。我曾偶然发现过雄蝎抓住其美人儿的两只前臂往前拉拽。我还见过雄蝎抓住雌蝎的尾巴和一只后爪生拉硬扯。雌蝎先是拼命推开雄蝎伸出的爪子，而毫不惜力的雄蝎猛地把美人儿掀翻，顺势伸爪抓住对方。

事情是明摆着的：这是货真价实的劫持，是暴力拐带，如同罗慕鲁斯王的部下抢掠萨宾妇女一样②。

（本篇选自原著第九卷）

注释：

①卢克莱修（约公元前98—约公元前55）：古罗马哲理诗人和抒情诗人。

②根据传说，罗慕鲁斯是罗马城的创建者，第一位古罗马国王。萨宾人则是意大利境内的古代民族。

“成长读书课”分级阅读书目

一年级上

林焕彰	《不睡觉的小雨点》
〔苏〕阿·托尔斯泰	《拔萝卜》

一年级下

冰心、金波等	《和大人一起读诗》
林颂英	《小壁虎借尾巴》

二年级上

严文井	《“歪脑袋”木头桩》
陈伯吹	《一只想飞的猫》
孙幼军	《小狗的小房子》
金近	《小鲤鱼跳龙门》
〔德〕埃·奥·卜劳恩	《父与子》

二年级下

张天翼	《大林和小林》
洪汛涛	《神笔马良》
〔苏〕瓦·卡达耶夫等	《七色花》
〔印〕泰戈尔	《愿望的实现》
冰波	《大象的耳朵》
冰波	《蓝鲸的眼睛》
金波	《古古丢先生的遭遇》

三年级上

吴然	《抢春水 珍珠泉》
〔德〕格林兄弟	《格林童话》
〔丹麦〕安徒生	《安徒生童话》
汤素兰	《开满蒲公英的地方》
张秋生	《小巴掌童话》
王一梅	《书本里的蚂蚁》
叶圣陶	《稻草人》
冰心	《寄小读者》
〔日〕新美南吉	《去年的树》

四年级下

张天翼	《宝葫芦的秘密》
贾兰坡	《爷爷的爷爷哪里来》
高士其	《高士其科普童话故事》
〔苏〕伊林	《十万个为什么》
李四光	《穿越地平线》

五年级上

〔法〕季诺夫人	《列那狐的故事》
郭沫若	《白鹭·天上的街市》
黄蓓佳	《亲亲我的妈妈》
黄蓓佳	《你是我的宝贝》
许地山	《落花生·空山灵雨》

五年级下

赵丽宏	《童年的河》
萧红	《呼兰河传》

六年级上

王愿坚	《灯光·小游击队员》
李心田	《闪闪的红星》
管桦	《小英雄雨来》
〔意〕亚米契斯	《小抄写员·爱的教育》
老舍	《草原·北京的春节》
鲁迅	《呐喊》

六年级下

黄蓓佳	《今天我是升旗手》
黄蓓佳	《我要做好孩子》

七年级上

鲁迅	《朝花夕拾》
林海音	《城南旧事》
冰心	《繁星·春水》
〔美〕海伦·凯勒	《假如给我三天光明》
沈从文	《湘行散记 新湘行记》
〔俄〕屠格涅夫	《猎人笔记》

七年级下

〔奥地利〕茨威格	《人类群星闪耀时》
茅盾	《林家铺子·白杨礼赞》
老舍	《骆驼祥子·猫》
宗璞	《紫藤萝瀑布》

八年级上

朱自清 《荷塘月色·背影》
〔法〕玛丽·居里 《居里夫人自传》
〔法〕亨利·法布尔 《昆虫记》
〔美〕蕾切尔·卡森 《寂静的春天》

八年级下

〔法〕罗曼·罗兰 《名人传》
朱光潜 《给青年的十二封信》
鲁迅 《故乡：鲁迅小说杂文精选》
〔苏〕奥斯特洛夫斯基 《钢铁是怎样炼成的》
〔美〕奥尔多·利奥波德 《沙乡年鉴》

九年级上

艾青 《艾青诗精选：黎明的通知》
徐志摩、海子等 《希望·一代人：现当代新诗选》

九年级下

丁立梅 《小扇轻摇的时光 丁立梅纯美青春散文》
〔英〕乔纳森·斯威夫特 《格列佛游记》

*蓝色为待出版图书